U0158949

远　见　成　就　未　来

建 投 书 店 投 资 有 限 公 司

More than books

STEM 英国科学经典读物

THE SECRET LIFE OF EQUATIONS

数学的奥秘

数学方程式原来可以这样学

[英] 理查德·科克伦 著

骆海辉 译

闻春国 审译

中国出版集团

中译出版社

图书在版编目（CIP）数据

数学的奥秘 / (英) 理查德・科克伦
(Richard Cochrane) 著；骆海辉译. -- 北京：中译出
版社, 2020.5
ISBN 978-7-5001-6110-3

Ⅰ. ①数… Ⅱ. ①理… ②骆… Ⅲ. ①数学—普及读
物 Ⅳ. ①O1-49

中国版本图书馆CIP数据核字(2020)第060697号

The Secret Life of Equations
First published in Great Britain in 2016 by Cassell,
an imprint of Octopus Publishing Group Ltd
Carmelite House 50 Victoria Embankment
London EC4Y 0DZ

版权登记号：01-2019-7373

数学的奥秘

出版发行：中译出版社
地　　址：北京市西城区车公庄大街甲 4 号物华大厦六层
电　　话：（010）68359101；68359303（发行部）；
68357328；53601537（编辑部）
邮　　编：100044
电子邮箱：book@ctph.com.cn
网　　址：http://www.ctph.com.cn

出 版 人：张高里
特约编辑：冯丽媛　任月园
责任编辑：郭宇佳
翻译统筹：刘荣跃
译　　者：骆海辉
封面设计：今亮后声・王秋萍　胡振宇

排　　版：壹原视觉
印　　刷：山东临沂新华印刷物流集团有限责任公司
经　　销：新华书店

规　　格：710 毫米 × 880 毫米　1/16
印　　张：12
字　　数：125 千字
版　　次：2020 年 5 月第 1 版
印　　次：2020 年 5 月第 1 次

ISBN 978-7-5001-6110-3　　**定价**：59.80 元

序言

公元820年左右，波斯数学家阿布·阿卜杜拉·穆罕默德·本·穆萨·阿尔·花拉子密（Abu Abdullah Muhammad ibn Musa al-Khwarizmi，约780年—约850年）完成了他的手稿《代数学》（*Calculation by Completion and Balancing*）。在这本书稿中，花拉子密使用了“代数”一词，收集整理了一些基本的代数运算法则。平衡是代数的基础概念之一，而方程体现的正是平衡之理。假如我们将一个苹果、一个橘子置于天平两端的托盘之上，只有苹果与橘子的重量相等时，天平两边才是平衡的。实际上，每一个方程都表示两个数学式之间的相等关系。

那么，如何阅读这本《数学的奥秘》呢？

本书可以一页一页地从头读到尾。可是，大多数读者不会像翻看小说一样阅读数学书籍。数学拥有自己的概念网络，包含了大量相互联系的概念，需要仔细地研读。有鉴于此，本书中许多章节相互参照，或许不能以某种预设的顺序快速地浏览。有些章节甚至需要在读完它后面的章节之后，再回头重读一遍，方可更好地理解其中的内容。

各位读者也大可不必为此而心生烦恼。我们在学习数学的时候，一旦学懂了某些概念，可能就会突然明白一些先前学过的内容，我们大多数人在大多数时候是不是都有这种感觉呢？即使是伟大的数学家，他们在新的领域学习新知的时候，也会有思路不清、迷惘失措的时候，但他们也会收获意外发现某种联系之后的内心愉悦。有些时候，意外发现之惊喜，实则是美妙的心灵感受，足以让人引以为豪。

在遇到新的数学概念时，我们大都需要借助于直观图像来理解。撰写本书之目的决定了书中的内容不能过于专业化——每一章涉及的数学知识，或是初级的、简单的，或是高级的、复杂的，但互为关联，共同形成了统一整体。本书意欲达成之目标，就是用简朴的语言来解释一般性的数学概念，并构建起这些概念之间的相互对话。

但有些时候，相关讨论不可避免地需要在数学、科学和日常生活等不同领域之间交叉跨越。因此，本书需要用到一些简单易懂的表达。将抽象概念简单化，或许可以得到数学初学者的欣赏，但一定需要请求数学专家们的原谅。出于相同的原因，书中的插图也没有标注数值、尺度，这又可能会使一些数学教师大为光火。然而，去掉细枝末叶的信息真的无关紧要，反而可以让我们聚焦于探讨问题的全貌。

无论怎样，本书是有关数学方程的，那么，它又怎样处理数学符号呢？

大多数普及性数学著作的作者与编辑，会精心地设计出一套技术路线来，以避免过多地使用那些令人生畏的数学公式。本书反其道行之。数学家发明的数学符号，原本就是为了将问题简单化的，不是吗？

从某种意义上说，数学家使用的符号，与音乐家的乐谱符号、编辑的校对符号、舞美的编导符号、绣娘的编织符号和棋手的棋谱符号一样，都是特殊符号——如果我们不能解析出这些符号所指何物，就完全不会明白它们所示何意。一旦我们弄清了它们指代的含义，它们就犹如美丽的图画，可以简洁、明晰地传递信息，其表达功效远胜于啰唆繁复的言语。

本书讲述数学知识的方式，不一定完全具有逻辑性。数学有着久远的历史，有些数学概念与大多数事物一样，可能是独特的，也可能是怪异的；可能是极端的，也可能是愚蠢的，但相关概念产生的历史进程又是有迹可循的，所以，追本溯源或许可以帮助我们从源头上来探究数学方程的奥秘。当然，也许可以采用全新的叙事方式来讲述方程，使内容更具连贯性，但若非驾轻就熟，这么做将是愚蠢又鲁莽的冒险。

所以，当你对书中某个数学符号知其然不知其所以然时，不要为此而发愁。有时候，你甚至会发现，读懂那些印在某一页上的文字，远比理解某个数学符号更为困难。本书的相关讨论，涉及一套完整的符号系统，但这些符号几乎全都是数学家随意创设的，符号本身与所指概念之间没有任何关联。假如你能解析符号所指，相信你也能克服理解文字的困难。

举例来说吧，相信各位读者都了解正整数和负整数，知道什么是分数，也明白一些代数原则。例如，字母或别的什么符号，可以用来表示未知数或可变数。两个未知量相乘，可以用一个字母置于另一个字母之后来表述，即 $a\times b=ab$；而某个数除以另一个数，也可以用分号表述为：$a\div b=\frac{a}{b}$。再如，等号“=”是极为重要的运算符号，其意义在于它两边表达式代表的值相等。其他的数学符号将在正文内分别给予介绍。

方程好比小型的机器，依靠各自的零件维持运转。我们的主要任务，就是弄清楚在每一部正常运转的机器中，每一个零件可以做什么，它又是如何与其他零件相互作用的。

就理解数学符号而言，我们有时需要拆分或解码数学符号，有时需要以简单的实例加以说明，有时则需要从最底层的问题出发，或者从鲜为人知的方面开始，但有关方程的很多内容都是一笔带过的，所以，我们向读者呈现的也仅仅是方程大观园里的匆匆一瞥。

事实上，假若以讲授数学知识先易后难的惯例来判断，本书并未遵循传统，各章节的内容难易程度不一。某一节说的还是中学水平的代数，而紧接其后的内容又达到了大学难度。我有意地忽略了难度跳跃，因为数学问题不可能全部按照预设的难度水平循序渐进地出现，对吧？我们在儿时学会的一些算术运算，竟然是深奥甚至神秘的数学难题；而许多所谓具有“高阶”的数学难题，一旦用数学专业的行话来解释，实质上是极易领悟的。

总而言之，阅读此书时，读者可以像阅读其他书籍一样，多读自己能理解的内容，细读自己感兴趣的内容。任何行得通的阅读方法，都是阅读本书的良方。

Rich

符号列表

下表列出了本书使用的重要数学符号，它们可能交叉出现在不同的章节中，方括号里标注的是它们首次出现之处。

$\sqrt{x}$	x 的平方根［毕达哥拉斯定理，第 6 页］
$\sum$	总和［芝诺二分法，第 17 页］
lim	极限［芝诺二分法，第 17 页］
∞	无穷大［芝诺二分法，第 17 页］
π	圆周率［欧拉恒等式，第 54 页］
sin, cos, tan	三角函数［三角学，第 9 页］
$\int$	积分［微积分基本定理，第 32 页］
$\frac{dy}{dx}$	y 对 x 的一阶导数（有时也用其他字母来代替 y 和 x）［微积分基本定理，第 32 页］
$\frac{d^2y}{dx^2}$	y 对 x 的二阶导数（有时也用其他字母来代替 y 和 x）［微积分基本定理，第 34 页］
x'，x''	x 对时间的一阶导数、x 对时间的二阶导数（替代表示法）［曲率，第 40 页］
log	对数［对数，第 46 页］
i	−1 的平方根［欧拉恒等式，第 54 页］

目录

第一章

空间的形状——几何与数字

毕达哥拉斯定理（勾股定理）

三角形的三边关系是我们形成空间观念的基础。

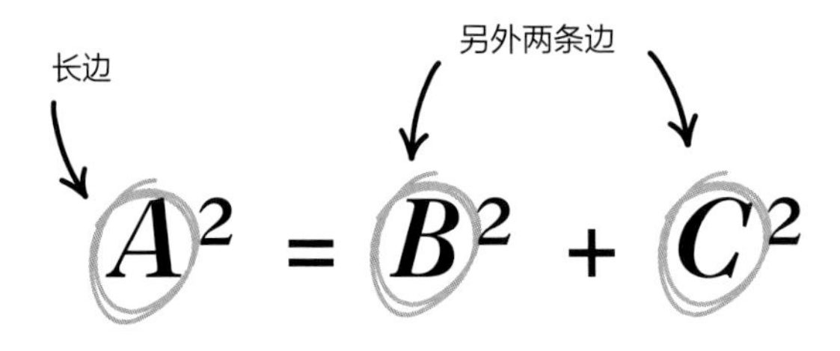

1. 毕达哥拉斯定理的内容

让我们首先取任意长度的三根木棍，分别称为 A, B, C；再假设木棍 A 的长度最长（当然也可以是最长的之一），那么，我们可以发现，只要 A 的长度小于 B、C 之和，A、B、C 三根木棍就可以围成一个三角形。如果我们想把其中的一个角围成直角——90° 角，即正方形、矩形都有的那种 90° 角，那就需要用到几根特殊长度的木棍。比如，我们取任意长度的 B、C 两根木棍围成一个直角（即围成 L 形），再用它们与木棍 A 共同围成一个三角形，那么，木棍 A 应该是多长？

毕达哥拉斯定理可以帮助我们计算出木棍 A 的长度。

乍看之下，上面这些话并不太吸引人。首先，上述三角形中须有一个直角，这似乎就是一种限制。其次，我们在什么时候才需要计算出三角形三边的边长呢？事实证明三角形是极为重要的。从某种意义上讲，三角形是最简单的二维图形。我们终将发现，二维图形涉及的问题，通常都能转化三角形的形状取决于其三边的边长，但不是任意长度的三条边都能构成三角形。

为有关三角形的问题。许多涉及三维图形的问题亦复如是。当然，直角三角形在所有三角形家族成员中，占有特殊的地位。

2. 毕达哥拉斯定理的重要性

本书讨论了 29 个方程，多数在我们的生活中无法直接用到，毕达哥拉斯定理却是例外。比如，我们在家做手工时就可能用到它。但这并不能充分说明毕达哥拉斯定理的重要性。这个定理体现了关于距离的基本知识，在我们解决日常定位问题时特别有用。

让我们想象一个场景吧——假设有一片空旷的田野，在其中央立有一根孤零零的木桩。又假设这块地里秘密地埋藏有一批珠宝，我们需要指引你到达那个藏宝地点。同时，我们需要给你提供尽可能简明的信息。只要你手里有一个罗盘（或者，你通过观察天空可以定位北方），那么我们只需要给站在木桩旁的你两个数字：

第一，向北多少米；第二，向东多少米。

如果藏宝地点在木桩的东南方向，又该怎么办呢？同样没有问题。我们给你向北的负数，你一样可以理解——向北 -10 米，意思就是向南 10 米。通过这种方法，无论一块地的面积有多大，两个数字就足以确定任意位置！

实际上，这是我们在任何二维平面空间里确定位置的标准做法。这也是近代法国数学家勒内·笛卡尔（René Descartes，1596—1650）在 17 世纪早期就提出的方法。我们在数学领域，通常不会用“北”或“东”，而是用 x 或 y——这是不是让你想起了数学课堂？在物理学领域，科学家们有时用的是 i 和 j。无论是数学上的 x、y，还是物理学上的 i、j，可谓异曲同工吧。

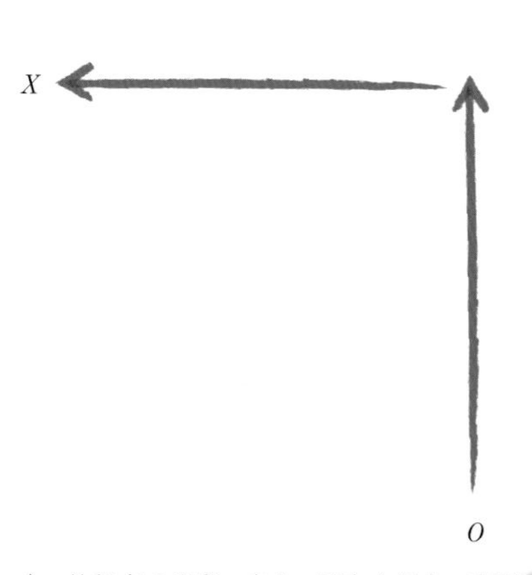

↑ 从起点 O 出发，向上、再向右行走一定距离可以找到 X 点。图中向右的距离为负数！

木桩在田里的位置并不重要。如果木桩的位置变了，相应地变一下两个数字就行了。从某种意义上讲，我们可以从任意一点（木桩）到达任意的另外一点（宝藏）。

那么，毕达哥拉斯的工作告诉了我们什么呢？

他让我们恍然大悟——在上述表达中，由于东方、北方构成直角，所以向北、向东的距离，其实就是一个直角三角形两条边的边长。因此，毕达哥拉斯定理就可以帮我们计算出木桩和宝藏两点之间的直线距离，也让我们了解了有关空间距离的基本事实。

上述原理也可以进一步拓展到三维空间。要怎样拓展呢？很简单！增加一个数，用它来表示“从地面算起的高度”（参见下页图）。如果增加的是负数，那就是在告诉你找到宝藏需要向地下挖掘的深度！

其实，毕达哥拉斯定理同样也适用于多维空间。我们把“点”和“距离”联系起来的系统，称之为“直角坐标系”。

若需从木桩出发去搜寻小鸟，可以向北、向东、向上各走一段距离。3D 空间里的任意一点都可以这样定位。

所以，无论是在几维空间里，我们都可以通过毕达哥拉斯定理找到计算长度和距离的方法。

以上这些都是数学、物理学和工程学领域里最基本的知识——毕达哥拉斯定理的计算体系及表达式，我们每天都会用到。

3. 扩展内容

关于毕达哥拉斯本人，我们知之甚少。他生活在公元前 6 世纪的古希腊，后成为一个宗教团体的精神领袖，其信徒笃信数字命理学，认为世界上的一切都可以用数字的神奇特性来解释。有关他的生活、他的教义，流传着众多奇怪的故事，却没有一个故事是他亲自记录的，也没有一个故事原原本本地被保存下来。已知的是毕达哥拉斯可能不是唯一发现并证明了毕达哥拉斯定理的人。但这一定理都似乎一直在他的追随者中流传。

20 世纪英国籍犹太裔数学家、科普作家雅可布·布洛诺夫斯基（Jacob Bronowski，1908—1974）在其《人之升华》（*The Ascent of Man*）一书中，将毕达哥拉斯定理称为“所有数学定理中最伟大的单一定理”。这句话虽有过誉之嫌，但毕达哥拉斯定理肯定是古代数学家取得的伟大成就之一。

关于 $A^2=B^2+C^2$ 这个方程，还有重要的一点不能忽视：它在理论上似乎是求面积而不是计算长度的。我们稍微细想一下就会发现，假如 A 的长度为 10 厘米（或者其他什么长度单位），那么，A 的平方数就等价于 10 厘米 ×10 厘米，即 100 平方厘米。事实上，人们自古以来就一直持有相同的观点，这也可以用千百年来学堂里传诵的说法来总结：“最长边的平方，等于较短两边的平方和。”然则这并不能说明为什么我们需要留意 $A^2=B^2+C^2$ 这个方程。我们在现实生活中，其实很少遇到排列得如此整齐的三个平方数。毕达哥拉斯定理的威力，源自平方根的计算。一个数的平方根与自身相乘，就会得到原本那个数。9 的平方根是 3，3×3=9 嘛！换言之，如果你想造一间面积为 9 平方米的正方形房间，那么，房间每一条边的长度就应该是 3 米。用现代数学符号可记为：$\sqrt{9}=3$。其中，那个勾勾看似奇怪，但它的意思就是“平方根”。

我们可以用毕达哥拉斯定理来找出那根长度刚刚好可以合围成直角三角形的木棍，或者，可以计算出从木桩到宝藏的距离——这是不是足以让人兴奋不已呢？

假设木棍 B 长 3 厘米，木棍 C 长 4 厘米，且这两根木棍已经围成了 L 形状。为了用第三根木棍围成一个直角三角形，我们需要找出木棍 A 的长度。演算如下：

$$
\begin{aligned}
A^2 &= B^2+C^2 \\
&= 3^2+4^2 \\
&= 9+16 \\
&= 25\text{cm}^2
\end{aligned}
$$

波斯学者纳西尔·艾德丁·图西（Nasir al-Din al-Tusi，1201—1274）在1258年出版的著作，是欧几里得对毕达哥拉斯定理证明的阿拉伯语版。

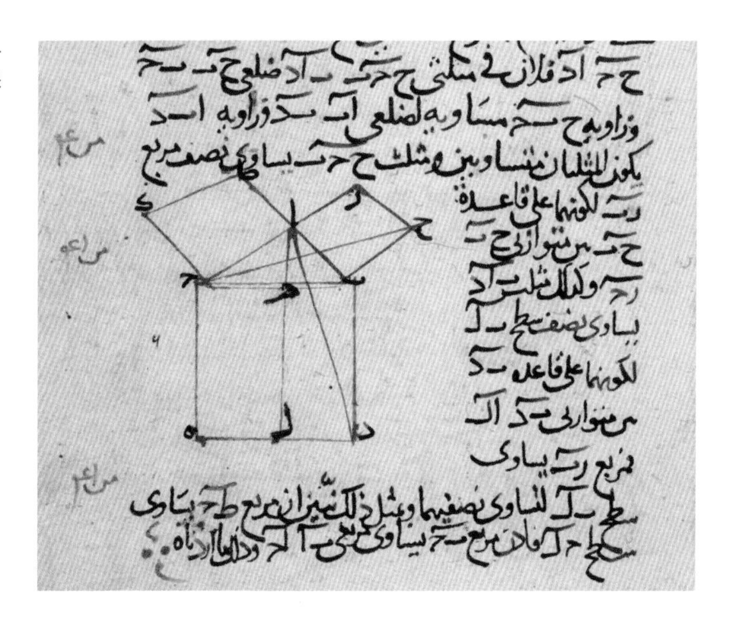

这样，我们就得出了木棍 A 长度的平方数，但我们需要求出木棍 A 的长度。也就是说，我们已知正方形的面积，需要求出其边长，而这恰恰就是平方根可以发挥的作用：

$$A=\sqrt{25}$$
$$=5\text{cm}$$

就上例而言，即使三边长分别为3英尺、4英尺、5英尺，计算方法和结果并无二致。即使采用其他度量单位，方法和结果也同样有效。

当然，取3、4、5三个数，却非偶然：假如 A、B、C 三个自然数满足毕达哥拉斯定理的运算条件，那它们就可称为“毕达哥拉斯三元数组”。然而计算这样的三元数组的得来绝非易事，往往是经历无数次的尝试与失败。大约在公元前3世纪，古希腊数学家欧几里得（Euclid，约公元前330

年—公元前 275 年）想出了一个极其巧妙的办法，可以快速地找到三元数组中的三个数。取任意两个自然数，分别称为 p、q，并设定 p 大于 q。演算方法为：

$$A=p^2+q^2$$
$$B=2pq$$
$$C=p^2-q^2$$

这样，就可以计算出一个毕达哥拉斯三元数组。读者朋友，假如你知晓代数知识，你自己也可以按照欧几里得的方法，试着去证明一下：$B^2+C^2=A^2$。

总结

毕达哥拉斯定理处理的似乎是三个正方形的面积关系，但它实际上告诉我们的是如何计算空间里点与点之间的距离。

三角学

万物运转靠圆形，了解圆形靠三角形。

任意角　对边　长边　邻边

$$\sin(a) = \frac{O}{H}$$

$$\cos(a) = \frac{A}{H}$$

$$\tan(a) = \frac{O}{A}$$

1. 三角学的内容

“三角学”一词，大意是“测量三角形的技术”。三角形是我们司空见惯的几何图形之一，在测量学、建筑学和天文学等领域，可谓比比皆是。如果说三角学是历史悠久的艺术，这话一点也不会令人惊讶。从某些方面来说，三角学的历史比真正意义上的几何学甚至比数学的历史还早——三角

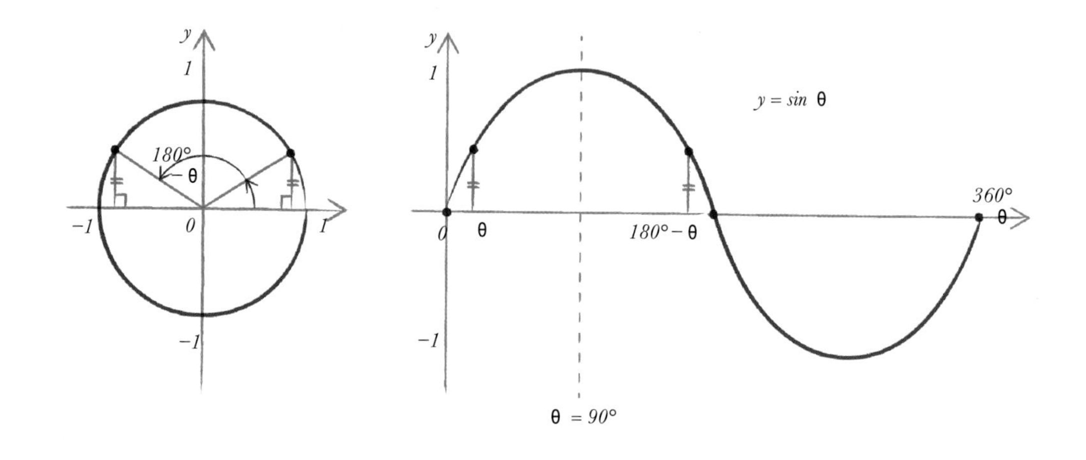

学发轫于古埃及、古巴比伦的实用技术，距今已逾 4000 年。

↑ 当绿色三角形（左）最长的边按红色的圆做圆周运动时，其高度可以用正弦函数（右）来表示

从外形上看，三角形与圆迥异，三角学却与圆密不可分。人类很早就以直觉认识到了它们的密切关系——任何做圆周运动的点，都可以用三角函数来描述。为了研究圆周运动或匀速的反复运动，数学家、科学家一直在不断地创建各种数学模型，而最为常见和常用的正是三角函数。在本书描述的多个方程之中，均可以看见三角函数的身影。

2. 扩展内容

一说到测量三角形，我们的脑海里会立刻想到两点：三条边的边长和三个角的大小。三角形的三条边边长和三个角大小显然是有联系的。为了弄清楚这一点，让我们取任意长度的三根木棍。我们可以发现，这三根木棍只能围成一个三角形，而且，三根木棍的长度似乎从一开始就决定了这个三角形三只角的大小。

事实上，两个三角形的三个角大小可能度数相同，它们

的三条边长却长短不一。因此，三条边边长和三个角大小的关系，显然在很大程度上是比例关系，而非实际的长短大小关系。换言之，两个三角形可能形状相同，但大小各异——用专业术语来说，这样的两个三角形被称为“相似三角形”。所以，三角形的三个角大小其实与其三条边的实际边长没有关系，而是由三条边边长的比例决定的。

公元600年左右，印度学者创建了我们今天称之为“三角比”的概念。三角函数的名称古今不同，我们今天称之为正弦（sin）、余弦（cos）和正切（tan）。当然，为了简化公式，方便运算，我们也经常用到余切、正割、余割等其他三角函数，但广为人知的还是正弦、余弦和正切。它们从诞生之日起就一直不辞劳苦地帮助我们计算、测量三角形。

话虽如此，计算、测量三角形对于我们普通人有什么必要呢？答案一如既往的非常简单：三角学可以帮助我们解决现实生活中的许多常见问题，离了它，这些常见的问题还真的解决不了！

假设一棵树长得很高，高到我们难以爬到树梢来测量它的高度，但要解决这个测量难题，我们只要躺在地上就可以办到。先在地面上找个点，但这个点需要保证我们躺在那儿恰好可以看到树梢，那么，我们视线与地面的角度、视线到树根的地面距离，是不是都可以用简单的工具测出来了？我们一旦获知这些角度、距离的信息，就可以用三角学知识轻松地计算出树的高度来——假设这个角为 x，与其相邻的边长为 A，需要找出的是与其相对的边长 O，那么，计算公式为：$\tan(x) = O/A$。下面我们就来演算一下：

假设我们测出这个角是40°，tan（40°）是多少？查一下正切值表，或者用计算器计算一下，马上就可以知道40度角的正切值为0.839。再假设我们测出的边长 A 是10米（或者像前面已经说过的，“米”也可以是“码”或别的任何长度单位），那么，我们可列出的方程是：$0.839=O/10$。因此，未知数 O 的值，即这棵树的高度，一定是 8.39 米。

可以想象，古代的测量员、建筑师一旦掌握了这种计算方法，是不是等于拥有了一项非常实用的技能呢？今天的测量员、建筑师仍在用这种计算方法。

总结

圆、角和距离，都是最基本的数学概念，用途广泛——三角学以奇特的和谐方式将它们联系起来。

圆锥曲线

圆、椭圆、抛物线、双曲线在自然界中随处可见，它们都可以从几何角度来进行简单的描述，并由统一的方程来表示。

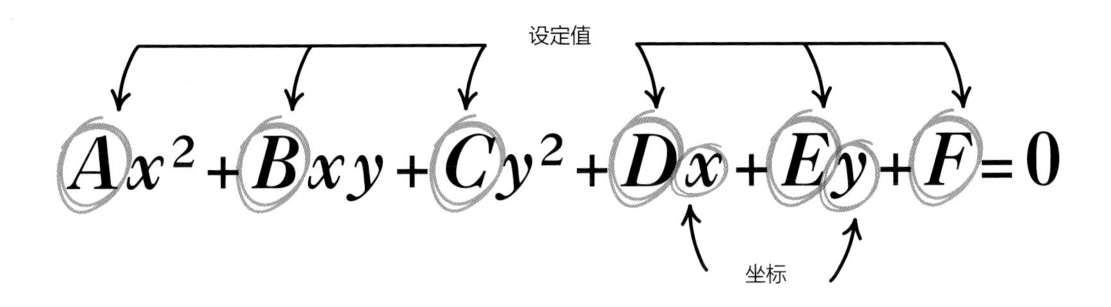

1. 圆锥曲线的内容

我们将手电筒的光直射在墙上，可以看见一个光圈；慢慢地将手电筒向上倾斜一点，就可以看到墙上的光圈延伸成了新的图像；继续将手电筒向上倾斜，光圈也随之向上延伸，而到了某一个点上，光圈突然打开，似乎延伸到了无穷远。此后，我们把手电筒向上倾斜的动作还可以继续，也还可以看到光圈随着向上延伸，但墙上光圈图像的变化越来越缓慢，而且越来越微小。电筒一次次地被倾斜，就会在墙面上产生一个又一个的图像，它们的形状完全不同，但是都叫作“圆锥曲线”。而且，墙上的每一个图像，在某种意义上都是从手电筒投射出来的光束圆锥体的“横截面”。

在许多自然环境里，圆锥曲线也是极为常见的，它们与墙面、手电筒毫无关系，它们在几何学上却有着惊人的一致性。这源于一个事实，即手电筒的光束是连续光线构成的三维锥体。在浓烟滚滚或尘土飞扬的房间里，你也可以看见这样的锥体。墙面上二维平面图像会发生变化，就是因为墙面“切断”光束锥体的角度发生了变化。

2. 扩展内容

随着手电筒的倾斜，我们将依次看到圆、椭圆、抛物线、双曲线（见右图）。就数学领域而言，圆、椭圆、抛物线和双曲线都是极为重要的曲线。

在我们投球的时候，球的运行路线是抛物线；我们制造某些产品，如反光镜、麦克风，需要利用反射将信号聚于一点，用到的也是抛物线。据说，在公元前 3 世纪发生的叙拉古围城大战中，古希腊数学家阿基米德（Archimedes，公元前 287 年—公元前 212 年）用抛物面的镜子聚焦太阳光，成功地烧毁了来犯的敌舰。

太阳系中的行星绕着太阳做椭圆轨道运动。著名的伦敦圣保罗大教堂的耳语廊、胆结石的治疗，利用的都是椭圆自有的反射特性。

双曲线常见于肥皂泡薄膜和电场，也常用于建筑学、设计学。当手电筒逐渐与墙面平行或者直接射向天空时，手电筒光束投射在墙面形成的图像，会从抛物线形状慢慢地变为双曲线形状。因此，墙上的路灯通常投射出双曲线图像。

使用本节给出的方程，我们可以画出一条曲线来。首先，设定 A、B、C、D、E 和 F 的值。方程中的其他字母（x 和 y）定义了二维空间的点（坐标），所以，每一个点都有独一无二的 x 坐标值、y 坐标值。然后将任意坐标值代入来验证其是否满足方程——若满足，则这个点，位于曲线上；

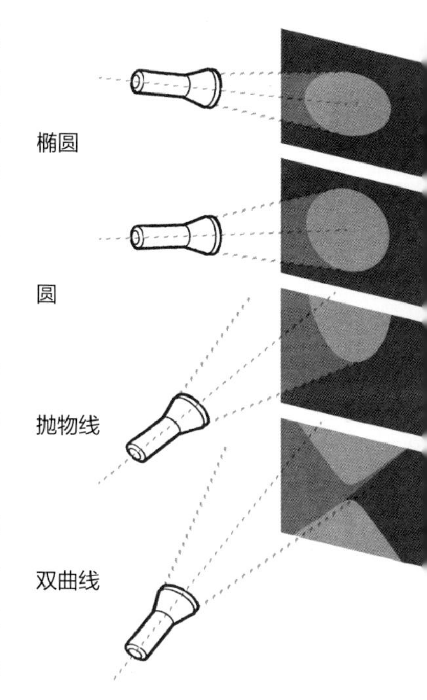

↑ 手电筒的光束为圆锥体。当光束照射在墙面上，圆锥体就会被“切开”，由此而在墙面上形成的图形就叫作圆锥曲线（事实上，上图中的双曲线只能显示其中的一支）。

与许多电厂的冷却塔一样，上图英格兰迪德科特电厂冷却塔的外形呈双曲线形状。

喷射而出的水柱多为抛物线形状。下图为澳大利亚阿德莱德大学的喷泉。

反之，则不在曲线上。大部分平面上的点都不会满足曲线的方程。仅就某一个定点而言，假如在完成了等号左边的演算后，得到的却并不是数值 0，那就说明这个点不在曲线上。如果我们保留那些令演算结果为 0 的点，或者在脑海中把这些点想象成圆点，那么我们就会发现，将这些圆点连接起来，总会得到电筒光束投射在墙面时产生的某一种图像：或圆，或椭圆，或抛物线，或双曲线。而具体是什么图像，则取决于我们设定的数值。

事实上，上述演算过程还有另外两种可能性。假如我们非常用心地选择设定的数值，我们就可以得到两条交叉的直线，甚至仅仅是一个点。

总结

令古希腊人着迷不已的圆锥曲线，在现代世界仍有广泛运用，从镜片制作到建筑学不一而足，其运用范围大得惊人。

芝诺二分法

两千多年前，芝诺对于运动不可能发生的“证明”，几乎推动了微积分的建立。

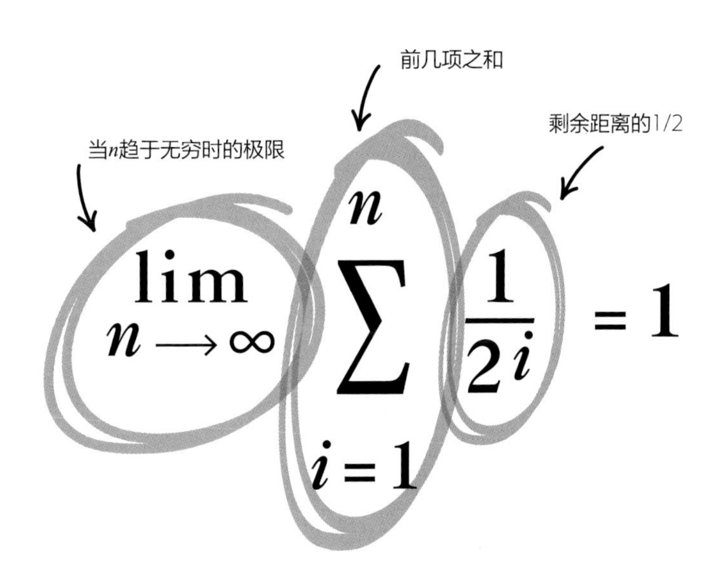

1. 芝诺二分法的内容

古希腊埃利亚城哲学家芝诺（Zeno，公元前 490 年—公元前 425 年）提出的二分法描述了这样一个问题：假设一个人想从房间中央走出去，门是开着的，也没有任何东西挡路，他是不是迈开步子向门口走去就可以了呢？问题很简单。但是有一个小问题：他走到门口的过程中，先得到达全程的中点。在到达中点之前，先得走过一半的一半。因此，在走到门口之前，他不得不一次又一次地走过一半的一半……那么，他需要重复多少次才能走完全程呢？

↑ 为了走到门口，贝蒂小姐先得到达走出房个全程的中点，而在到达这个中点之后，得走过余下路程的一半——如此无休止地下去。贝蒂小姐还能走出房间吗？

芝诺认为，重复的次数是无限的。当然，他每走一步，就离门口近了一点。但在他走过的每一步与剩余路程之间，始终有一个中点，所以他永远也到不了那个终点。芝诺由此得出结论：既然不能在有限的时间内做完无限的事情，那人就不可能走出房间！

芝诺的论证听起来有些傻里傻气，事实却远非如此。我们知道，芝诺提出了二分法悖论、阿基里斯悖论、飞矢不动悖论和运动场悖论四个悖论，它们相互关联，都是为批驳古人有关空间、时间和运动的某些具体观念而提出的。今天，我们对二分法的兴趣，不仅仅在于其哲学意义，更在于其数学意义。芝诺已经注意到，特定距离似乎等于它的一半与另一半相加的总和，而一半又可以再等分为两部分，如此反复，总有一半的一半，无穷尽也。用现代的语言来说，芝诺发现了极限的概念。18 世纪时，这个概念已经成了人们学习数学、物理的基础性工具。

2. 芝诺二分法的重要性

无限（无穷）概念不仅仅在哲学上令人困扰。在数学里，数量无限的事物相加，可以得到具体有限的事物，但这个想法从一开始似乎就不太可靠。试想，有谁能够真正地把数量无限的事物相加呢？数量无限，相加的过程也就永无尽头。针对这样的问题，古希腊著名思想家亚里士多德（Aristotle，公元前 384 年—公元前 322 年）明确地将无限区分为实无限和潜无限。潜无限是指那种可以一直延续的过程，这其中无法找到任何确定的终点。最早用来说明潜无限的例子是计数：只要愿意，我们可以一直数下去，而且我们永远也数不到最大的那个数——在一个数上加 1，是不是就得到了一个更大的数呢？计数就是潜无限，而我们也不能真正地数到无限。芝诺二分法在很大程度上就是要“数到无限”，但其表述又明显是令人怀疑的。

17 世纪末，当物理学开始使用被称为“微积分”的新方法时，芝诺二分法的悖论成了需要解决的重大问题。微积分方法非常实用，但需要依赖于无限小的距离。但是，这个无限小究竟有多小，就连微积分的发明者也未能严格证明。人们心里担忧：要是英国著名物理学家艾萨克·牛顿（Isaac Newton，1643—1727）及其追随者发明的物理学理论，完全是基于类似于芝诺二分法悖论的谬论，那该如何是好？因此，人们一边使用微积分来解决数学问题，一边致力于发明

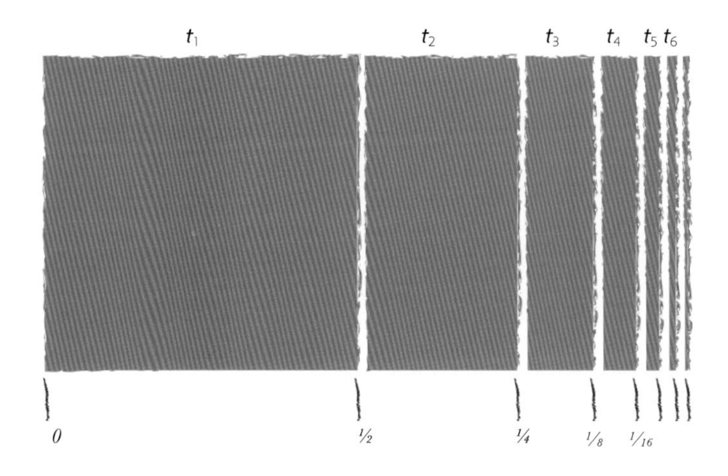

↑ 此图显示了贝蒂小姐走向房门的进程：在每一时间，她走完的都是余下路程的一半。总的距是有限的，但跨越这段距离的脚步数是无限的

新的物理学理论。与此同时，许多人开始追问，为了消除潜在的疑惑，如何才能简单明了地讲清楚无限的概念呢？结果，极限概念产生了。极限作为数学术语，听起来仍然是复杂的，但在今天的数学及大多数的应用学科，人们都会广泛地用到这一重要概念。

3. 扩展内容

为了解释、说明芝诺二分法，我们首先需要了解两个常用数学符号——顺便说一下，芝诺本人不可能知晓其中任何一个符号。这两个常用符号极为重要，它们还会出现在本书的多个方程之中。这两个符号看起来似乎很吓人，但其实一点也不难懂。

第一个符号是 Σ，即希腊语字母“西格玛”（*sigma*）的大写。

第二个符号是 lim，表示“取极限”。

希腊字母 Σ 在字母表中的位置，可以等同于英语字母 S 在字母表中的位置——S 可以指英语单词“sum”，其意为“总计、总和”。当然，在任何计算中都可能会用到“总计”，但是 Σ 符号在特殊语境中表示“求和”：即将 Σ 后面的所有项“相加”。可是，具体怎样相加呢？

在 Σ 符号下面，有一个小等式：i=1；在 Σ 符号的顶端，有一个字母 n。它们都是如何使用这个求和符号的线索。

我们可以把 Σ 符号想象成一栋多层建筑。我们从一楼（“i=1”）开始爬楼梯，每登上一阶楼梯，就在 i 上加 1，再找出 Σ 符号后对应的项，记下这个结果，然后继续往上爬，到达顶点（“i=n”）时，我们就得到一个序列，然后把其中的每一项相加（求和），就可以得出最终的结果。

放射性材料随时间推移出现衰变，即它的放射性危害越来越小，逐渐趋于零。这很容易让人想到极限概念。

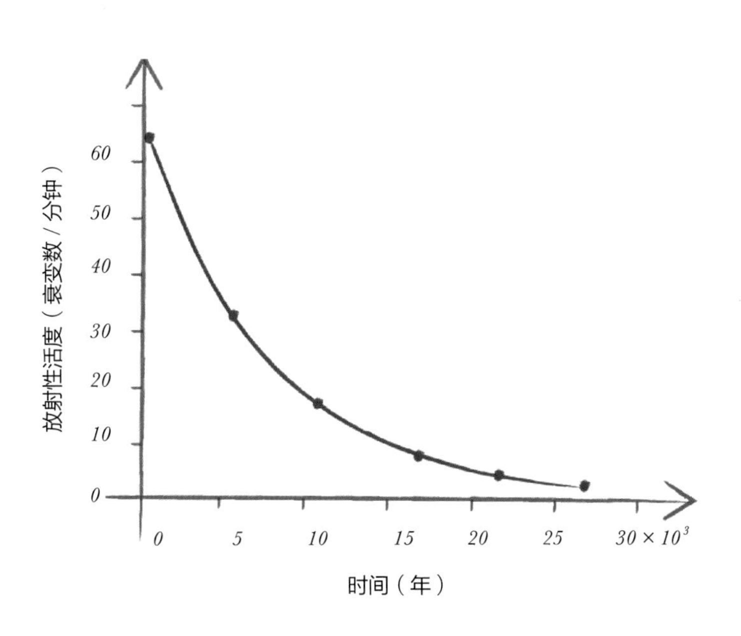

下面我们举一个爬 10 层楼的例子：

$$\sum_{i=1}^{10}\frac{1}{i}=\frac{1}{1}+\frac{1}{2}+\frac{1}{3}+\frac{1}{4}+\frac{1}{5}+\frac{1}{6}+\frac{1}{7}+\frac{1}{8}+\frac{1}{9}+\frac{1}{10}$$

Σ 符号上方的 10，表示要爬 10 层楼；下方的 $i=1$，表示从一楼开始。而 Σ 符号右边的表达式，表示每登上一阶楼梯，就计算一次 $1/i$。如此继续下去，最后将这些数值加起来，就可以得出答案。当然，你可以用计算器试着来计算上面的算式，但结果可能不是太好看。

下面这个类似的运算，其结果表明在芝诺二分法中，我们走完 10 步后走过的距离：

$$\sum_{i=1}^{10}\frac{1}{2^i}=\frac{1}{2}+\frac{1}{4}+\frac{1}{8}+\frac{1}{16}+\frac{1}{32}+\frac{1}{64}+\frac{1}{128}+\frac{1}{256}+\frac{1}{1024}+\frac{1}{2048}=\frac{2047}{2048}$$

注意，这个求和运算是有意义的：我们首先从出发点走到门口全程的 1/2 处，然后走到距离门口 1/4 处（即余下路程的一半），然后走到距离门口 1/8 处（同样是余下路程的一半），然后再继续……将这些数值相加，我们就得出总和——它表明我们已经非常接近门口了，但还没有走到门口。

在上述例子中，我们不一定正好走了 10 步，也没有人要求我们只能走 10 步。为了让讨论更具普遍性，我们用变量 n 来替换数字 10。因此，在下面的表达式中，我们可以代入任意数字代表我们行走的步数，并计算出我们距离门口的远近：

$$\sum_{i=1}^{n} \frac{1}{2^i}$$

看到这里，你会不会大喝一声：等一等！恐怕芝诺说的不是这个意思吧！芝诺并没有设定我们走到门口的步数是个极值。他说的是，我们会越来越接近门口，但无论走多少步，我们始终都到不了门口。用现代语言来说，我们允许变量变大，而且是不受任何限制地越变越大，在此条件下，我们想看到的则是最终将发生什么。这就是符号 lim 的意义和价值所在了。

根据阿基米德的“穷举法”可知，圆内接正多边形的边数越多，正多边形就越接近圆形。

让我们看看下面这个简单的表达式：

$$\lim_{n \to \infty} \frac{1}{n}$$

变量 n 越大，$1/n$越小。事实上，当变量 n 非常大，$1/n$ 就会非常接近于零。更近一步，如果我们给出某个“边界”，无论它取多么小的值，我们都可以找出变量 n 的值，使 $1/n$ 总是接近于 0，比那个“边界”还要接近于 0，从此点开始，当变量 n 增加，$1/n$ 永远处于那个“边界”与 0 之间。这就是我们说的，“当变量 n 趋于无穷大时，$1/n$ 的极限为 0”。当然，变量 n 不会真的是无穷大，“趋于无穷大”就是指可以无限变大。简而言之，这就是极限概念的含义。

现在来看看我们的等式：

$$\lim_{n \to \infty} \sum_{i=1}^{n} \frac{1}{2^i} = 1$$

等式表达的意思翻译过来就是："当变量 n 趋于无穷大时，所有$\frac{1}{2^i}$项的和（i 从 1 取到 n）的极限值等于 1。"——这句话确实拗口。但是，这句话精确地表达了一种几何直觉，即当我们每次走过余下路程的一半，我们就越来越靠近门口（走到门口即走完了单位数量为 1 的全程），走的步数越多，我们就越靠近门口（尽管不是真正地到达了门口）。

以上内容的确复杂难懂。18 世纪的积分思想，在阿基米德使用"穷举法"计算圆周长时，就几近形成了。阿基米德注意到，圆内接正多边形时，如果正多边形的边数不受限制地增加，那么，正多边形将趋于圆形。用现代语言来说，阿基米德意识到了"圆内接正多边形，当正多边形的边数趋于无穷时，其周长的极限是圆的周长"。总之，正是基于这样的认识，阿基米德计算出了圆周率 π 的近似值（参见第 54 页）。

总结

脚步越来越小，脚步总数趋于无穷。以此来理解数学上的极限概念，多少有点像在玩哲学上的文字游戏。微积分用途广泛，是人类最伟大的数学发明之一，而极限则是微积分的核心。

斐波那契数列

什么数可以将五边形、远古时的神秘主义和兔子繁殖联系起来？

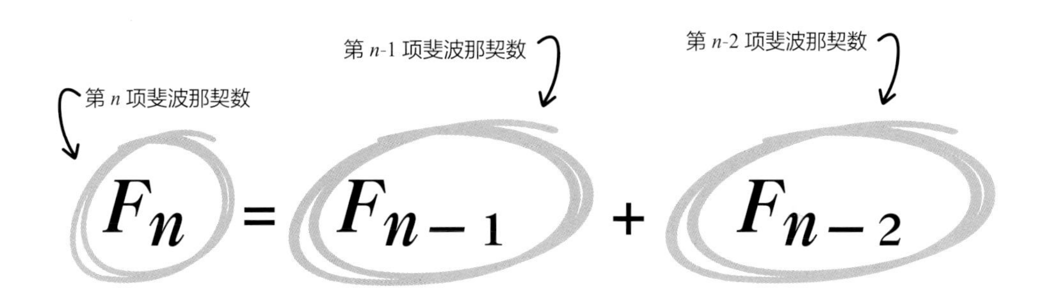

1. 斐波那契数列的内容

1202 年，意大利数学家比萨城的列奥纳多，又称斐波那契（Fibonacci，1175—1250），在自己的书中解决了下面这个问题：

假设某农场养了一对特殊品种的兔子，它们性成熟的年龄为一个月，且寿命特别长。一只成熟的雌兔每月生产雌、雄幼兔各一只。农场主把新生的雌雄幼兔都放养到空旷的田野，田里食物充足，也没有其他肉食动物，非常适合兔子的自然生长。它们在长到一个月大小时开始交配，在第二个月结束时，雌兔子产下另一对兔子，过了一个月后另一对兔子也开始繁殖，如此这般持续下去。那么，数月之后，田里一共有多少对兔子？

如果用 n 表示月数，答案就是 F_n 对兔子！换言之，斐波那契数列中的第 n 项是多少，兔子就有多少对。用我们在本节给出的公式可以算出结果。

兔子繁殖的问题并不具有非常特殊的现实意义，所以，上面的讨论多少有点贬低了斐波那契数列的重要性。事实上，发现斐波那契数列的意义非同凡响。斐波那契数列与黄金分割比关系密切。黄金分割比是一个无理数（无限不循环小数），自古赫赫有名，一直被认为是神圣甚至神秘的。但令人吃惊的是，它本身与许多数学谜题联系紧密。黄金分割比蕴藏在许多自然奇观之中，多得数不胜数。尤其是在生物界，有机生物的生长可以产生种类繁多、形态各异的图案，而图案排列的规律，即使使用DNA学说来解释，也不一定解释得通；但是，用斐波那契数列却可以轻而易举地解释，譬如植物叶子在茎上的特殊排列规律之类的问题。

2. 斐波那契数列的重要性

事实上，斐波那契数列特别令数学家神魂颠倒，科学家或技术人员却对它没有那么着迷。后文将会简要地讨论数学家对斐波那契数列入迷的原因。

斐波那契发现了斐波那契数列，其真正重要的意义在于催生了“递推关系”的概念。那么，何为“递推关系”？简单地说，就是在任何有规律排列的数列中，后面的项取决于前面的一个或几个项。

递推算法指通过计算数列中前面的一些项来得出指定项的值，因此，用递推关系来描述随时间推移而发展的进程是非常实用的。

比如，一个极其简单的递推关系，决定了我们在银行的存款利息、贷款利息。当然，前提是我们每月在银行存款、贷款的金额相等。经济学家、生物学家和工程师经常用到更为复杂的递推关系。著名的“马尔可夫链”，其递推关系中某一项的值仅取决于其前一项的值。而从本质上讲，这样的递推关系通常包含了随机的因素，所以在许多领域里可以解决诸多棘手的应用问题，譬如物理学的热扩散问题、经济学的财务预测问题等。

某些递推关系，一直深深地吸引着研究纯理论的数学家。最著名的例子如下：

序列中的第一项为首项，可以是任意整数。序列的规律是：（1）如果一个数是偶数，下一项为它的 1/2；（2）如果一个数是奇数，下一项为它的 3 倍 +1。假设序列的首项为 7，那么，我们可以列出的数列为：

相邻两个斐波那契数的比值随着序数增加而逐渐趋于黄金分割比。

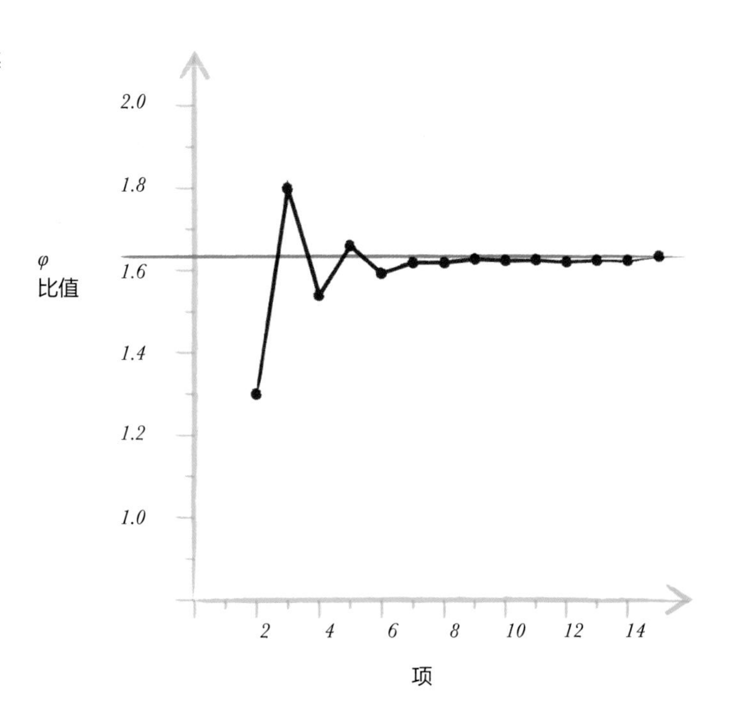

7, 22, 11, 34, 17, 52, 26, 13,
40, 20, 10, 5, 16, 8, 4, 2, 1, 4,
2, 1, 4, 2, 1, 4, 2,…

注意，在经过一定的变化之后，数列中的项变为 1，之后就变成了三个数的简单循环。问题是：无论首项是什么数，上述规律都存在吗？换言之，无论从哪个数开始，上述数项终将变为 1 吗？这就是著名的考拉兹猜想。虽然内容很容易理解，却没有人能够证明其真伪。如果能找到任何关于它的证明方法，都将是人类思想的进步，或许将具有广阔的应用空间。

3. 扩展内容

假设 F_n 为斐波那契数列的第 n 项，那么计算任意一项的秘诀其实很简单，就是将其前面的两项相加。但是，无论怎样都需要从某一项开始，所以，我们可以设定 $F_1=1$，$F_2=1$，这样就可以计算了：$F_3=1+1$…最初的几项如下：

1, 1, 2, 3, 5, 8, 13, 21, 34, 55,
89, 144, 233, 377, 610,…

这些项可以一直写下去，一直写到我们自己烦了为止。

显而易见，这些斐波那契数列中的项将越变越大，但是要找出这些项的其他排列规律又似乎有点困难。然而，斐波那契数列之中，真的还隐藏着许多规律。

比如，将斐波那契数与分数联系起来，又会怎么样呢？用每一个斐波那契数除以它前面的数，可以得到下面一个数列：

斐波那契兔子的族谱图，它至少在理论上可以体现递推关系的含义。但在现实生活中，递推关系则要复杂得多。

1/1, 2/1, 3/2, 5/3, 8/5, 13/8,
21/13, 34/21, 55/34, 89/55,…

用计算器算一下这些分数，你会得到一个极为怪异的结果：这列分数越来越接近，近到似乎会收敛到特定的值。事实上，我们可以证明这列分数越来越接近于一个极限值，求这个极限：

$$\lim_{n \to \infty} \frac{F_n}{F_{n-1}} = \frac{1+\sqrt{5}}{2}$$

这个极限的符号是希腊字母 φ，即所谓的黄金分割比，约等于（但并不等于）1.618。如果用尺规画一个正五边形，你也会需要这个比值。对于艺术家和工匠而言，这是一项重要的实用技术。古希腊人在实践中发现了黄金分割比，并且发现它的时间远远早于斐波那契发现他那些想象中的兔子的时间。

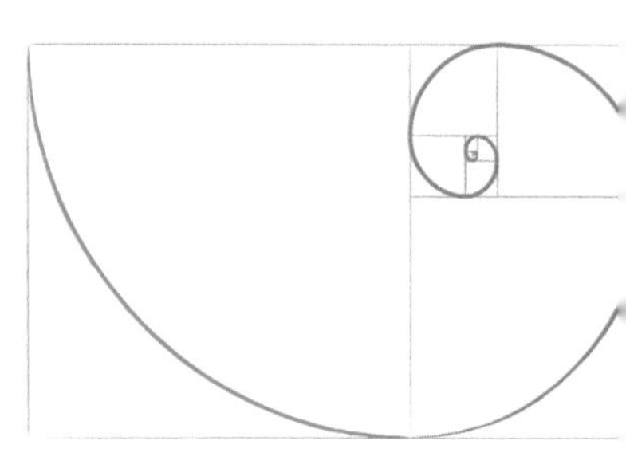

↑ 黄金螺旋线，又称斐波那契螺旋线。

黄金分割比历史悠久，美妙绝伦。即使在今天，还有人坚信它的奇妙近乎魔力。他们宣称，许多自然现象受黄金分割比的支配，而且建筑师、艺术家借助它创造出的作品往往具有令人愉悦的比例。不过，笔者还是要非常遗憾地说，这些人坚信不疑的观念大都不是真的。

但黄金分割比真的存在于一种被称为“准晶体”的自然结构中，当今全世界的化学家都在积极地研究这种介于晶体和非晶体之间的固体。

与所谓黄金矩形相关的说法更是超乎寻常。从黄金矩形分出一个正方形，剩余部分长宽比恰好是之前矩形的长宽比。这就意味着我们可以一次又一次地从剩余矩形上分出越来越小的正方形，一直切分到我们自己厌烦为止。如果以正确的方法从矩形中重复分出正方形，我们就可以在每一个正方形内画一个四分之一的圆弧；再将每个四分之一的圆弧曲线连接起来，就可以得到一条非常漂亮的黄金螺旋线。

这个听起来美妙无比的过程，只有满足一个特定条件时才能发生，即矩形长边边长须等于短边边长的 φ 倍。

下面，我们简单地解释一下原因。为了使上述过程可以顺利地进行下去，设最初矩形的边长为 1 和 r；当边长为 1×1 的正方形从矩形中被切下来，余下矩形的短边长为 $r-1$，长边长为 1。因此，r 必须满足下列等式：

$$\frac{1}{r}=\frac{r-1}{1}$$

以英国牛津大学物理学家罗杰·彭罗斯（Roger Penrose，1931—　）的名字命名的彭罗斯花砖，又称彭罗斯拼图，其角度的设计以黄金分割比作为基础，即使把这种瓷砖无限地铺下去，图案也不会重复。

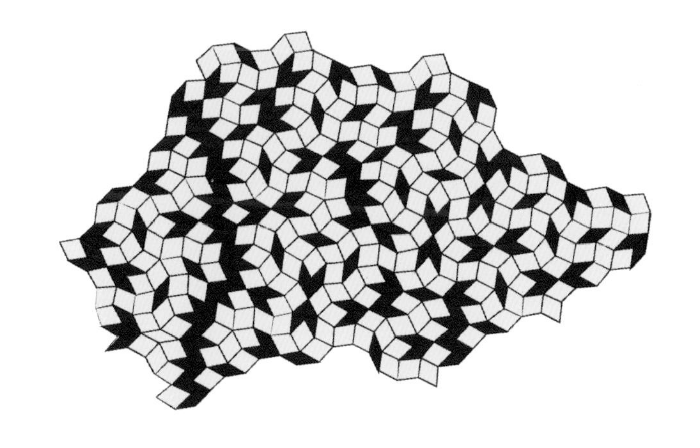

简单地转换一下，上面的等式即为：$r^2-r-1=0$。通过简单的代数运算，可以得到两个结果：其中之一是 φ，另一个是 1−φ。

总结

递推关系因为重复而产生复杂的结果，许多自然进程也是如此，它们的长期行为产生的结果通常令人惊喜。

微积分基本定理

微积分是通用的数学工具。下面的方程显示了它的运算法则。

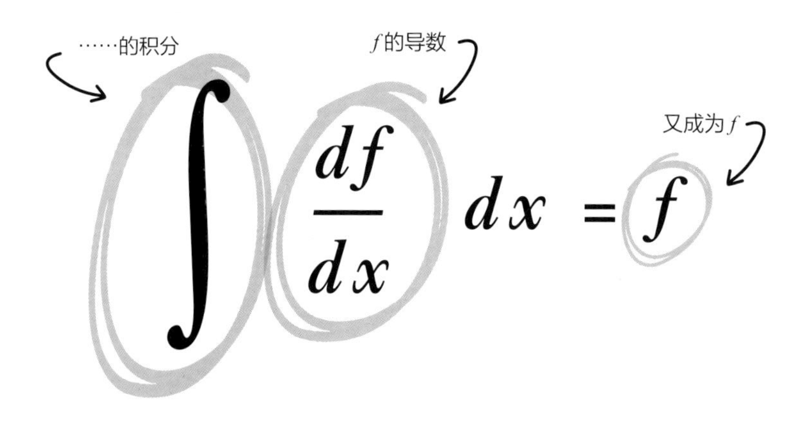

$$\int \frac{df}{dx}\,dx = f$$

1. 微积分基本定理的内容

微积分，其英文术语 calculus 源于拉丁语，意为“小石头”。古人常用小石头之类的“计数器”来进行简单计数。即使在今天，我们仍然在使用各式各样的“计数器”来记录比赛的比分，许多国家的在校学童还学习用珠算。随着时间的推移，calculus 一词不仅仅指“小石头”，还指代数学上的任何辅助工具，可以是一台机器，也可以是一种便利的数学工具。不过，从 16 世纪开始，与 calculus 名实相副的就只有微积分了。

微积分最初由英国物理学家牛顿和德国数学家莱布尼茨（Gottfried Wilhelm Leibniz，1646—1716）创立。可以毫不为过地讲，微积分这种数学工具（或者说这一套数学工具），现已和数学的所有分支连在一起，甚至被广泛用来解决天文学、物理学等学科的种种实际问题。古罗马人称魔术师为“*calcularii*”，因为他们在变魔术时总会用到小石头作为道具，而源于拉丁语“小石头”一词的微积分同样精彩，绝不亚于变化莫测的魔术。在“门外汉”的眼里，微积分的精妙绝伦可以和深奥难懂画上等号。

微积分包括微分和积分。微分是对局部变化率的一种描述。比如，如果一辆汽车的位置随时间而变化，用微分法就可以计算出这辆汽车在任意时间点的运动速度。积分用于将演算对象加和，用来计算难以用其他方式求得的面积和体积。极限在微分和积分计算过程中都会用到。微积分基本定理告诉我们，微分、积分貌似不同，却又紧密相连。在某种意义上，微分和积分的运算正好相反，二者犹如乘法与除法，互为逆运算。

2. 微积分基本定理的重要性

微分的重要性不言而喻。微分方法可以将空间运动转换为速度，而有了速度变化的值，我们就可以计算出加速度的值。如果直接描述如何运用微分计算加速度令人费解，我们可以用一个实例来简要地解释一下。或许，你以前没有接触过微积分，不清楚如何证明我们的例子，但是请你相信下述运算步骤是正确的。

假设我们从一座高度为 200 米的塔楼上丢下一个圆球，并用摄像机拍下圆球坠落的过程以供分析。再假设我们需要计算圆球从塔顶下坠 t 秒之后的高度 h，可以列出如下算式：

$$h=200-4.9t^2$$

若以微分求解，那么，圆球在每一时刻的位置变化率，即速度，则可以用下面的式子来运算：

$$\frac{dh}{dt}=-9.8t$$

只需几个简单的运算法则，我们就可以得出上述算式的答案。值得注意的是，公式中分数“dh/dt”意指“极小的时间变化引起的高度值的变化”，即“在某一时刻圆球坠落的速度有多快”。请注意，圆球是加速下落的，所以下落的速度是由时间 t 决定的。它之所以是负数，是因为圆球是从上往下落的。时间增加，高度下降。

重复上面的运算，即可算出“位置变化率的变化率”——人们聪明地将其称为“加速度”：

$$\frac{d^2h}{dt^2}=-9.8$$

上面等式左侧的符号看起来颇为怪异，不要介意，那一部分被称为“二阶导数”。请注意，上面这个等式的右侧不再依赖于时间，这是因为圆球的加速度是个常数。为什么是个常数呢？我们知道，圆球的加速度是由于地球引力而产生的，且地球引力是圆球下坠过程中唯一作用于圆球的外力，而地球引力是固定不变的。

上述解释与相传的伽利略实验是相符的：从比萨斜塔上丢下两个重量不一的圆球，重量大的圆球与重量小的圆球，哪一个先着地呢？——两个圆球同时着地。地球引力以同样的方式作用于两个圆球，因而它们着地的时间与重量无关。

上述物理现象并不复杂，但如果将其进行三次求导，得出的三阶导数同样讲得通。加速度的变化率通常被称为“加

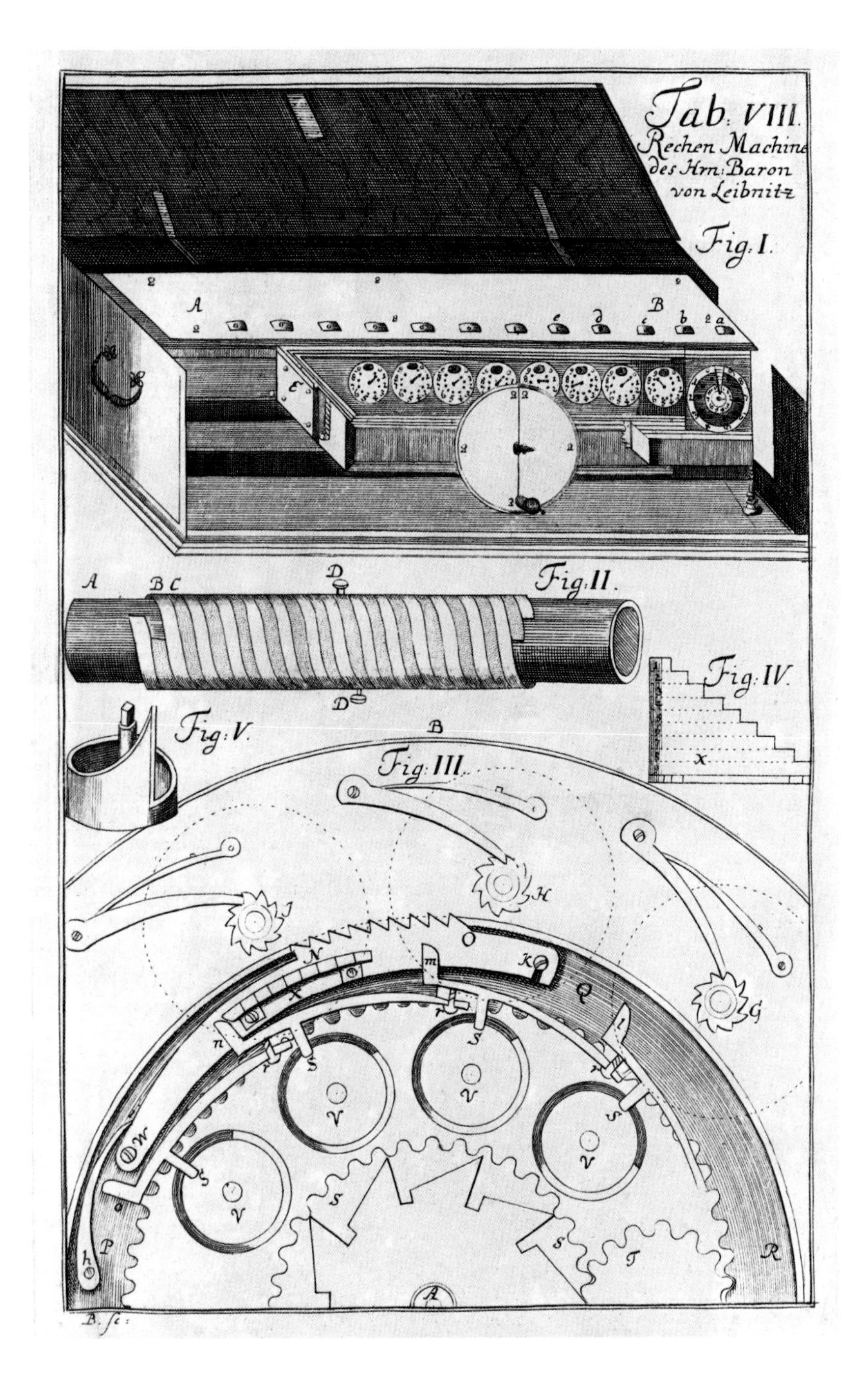

莱布尼兹发明的齿轮计算器可以进行加、减、乘、除四种基本运算。

加速度”（jerk，英语亦有“笨蛋、混蛋”之意）——其名字就预示着计算它并非十分明智的选择。上述将圆球抛下的过程中，直到圆球着地，加加速度为 0。我们只需稍加思考，就会想明白：加速度是常数（时间变量 t 对加速度不起作用），这就意味着加速度没有变化，所以加速度的变化率必定是零！

至此，我们的分析似乎一切顺利，但我们通常会遇到相反的问题。比如，我们已知运动物体的加速度，还想知道它会发生什么，如它会去到哪里？它以什么速度去那里？回答这些问题就需要用到微积分基本定理了，它给出的积分技术，可以帮助我们反向理解运动物体的变化率。当然，微积分的基本定理内涵丰富，上述这些只是它的基本内容。

3. 扩展内容

建立微积分的进程极为漫长。在 17 世纪之前的漫长岁月里，微积分的一些基本思想散见于古人的研究与著述之中。17 世纪时，科学家们最终将古人关于微积分的萌芽思想糅合在了一起。法国哲学家、数学家笛卡尔（René Descartes，1596—1690）和同时代的科学家，将从阿拉伯世界传来的代数方法与几何学融合，为微积分的建立创造了条件。又过了百余年，微积分基本定理才逐渐建立起来，将其从难以驾驭的单个工具转变成了一套宏大、统一的理论体系。微积分作为一套体系化的数学理论，或称一套通用的数学方法，绝对堪称人类文明史上最富想象力的伟大发明之一。

微积分可以解决极为复杂的问题，它们涉及了连续变化；通过微积分，则可以不断地逼近问题的解，并通过求极限的方法找到问题的精确解。

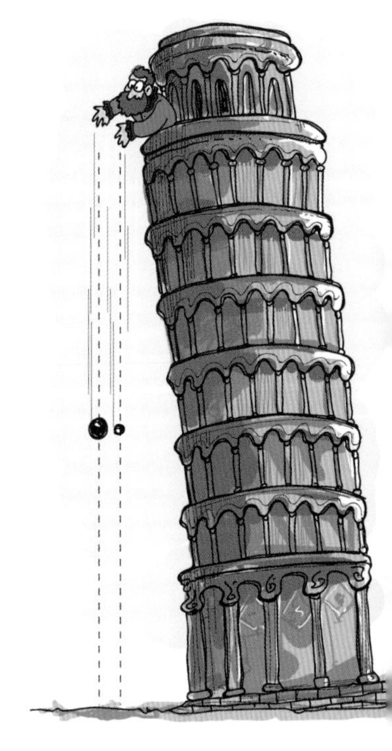

↑ 伽利略的实验表明，所有自由落体无论其如何，都以同样的速度加速，这一点与亚多德的判断相左。

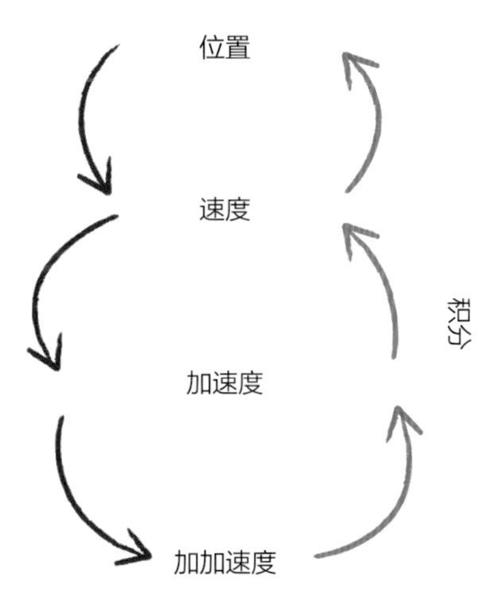

基于其特性，变化率可用微分从上到下计算，也可用积分从下到上计算。

让我们回到上面关于圆球下落的例子吧。我们已知圆球在时间 t 的速率为：

$$v=-9.8t$$

再假设已知圆球下落的高度为 200 米，我们想知道圆球从一开始到落地要花多少时间？可以简略地推算如下：

首先，我们从 200 米的高度开始，先计算出圆球每 1/10 秒的速度；然后，再假设圆球在整个 1/10 秒都以此速度下落；接下来，是下一个 1/10 秒，圆球又下落到新的高度；如此反复。

当 $t=0$，$v=0$ 时，什么也没有发生（在圆球下坠之前，有一瞬是悬在空中不动的）。当 $t=0.1$，$v=-0.98ms^{-1}$（即 0.98 米 / 秒，负数表示向下落），我们可以想象到，在下一个 1/10 秒，圆球将向下坠落 0.098 米。此时，圆球距离地面的高度为 199.902 米。

我们用此方法一直推算，直到得出小于 0 的值。当 0 出现的时候，圆球就着地了。这样的推算一共有 64 步，即圆球落地的时间大约为 6.4 秒。（如果你愿意，你也可以亲手用电子表格一步一步地演算一次。）

上述演算可以写成下面的等式，其中，“≈”表示“约等于”：

$$h\approx200+\sum_{i=1}^{64}-0.98i$$

可以这样来解读上面的等式：把总的时间分为 64 段，假设每个时段圆球的速度为常数（当然，我们知道这不是真的）。为了确保估算更加精确，可以把总的时间划分为更小的时段：比如，我们可以用 1/100 秒来代替 1/10 秒：

$$h \approx 200 + \sum_{i=0}^{640} -0.098i$$

积分的基本思想，是划分的时段越小，我们就越接近于真实值。上述过程取极限，就可以得到“真实值”（真值）。对于真值，上述过程就是求极限的过程。因此，“∑”（西格玛）符号就变成了拉长的“S”，即 ∫（仍表示“求和”），并可得出以下积分：

$$h(t) = 200 + \int_0^t -9.8t\,\mathrm{d}t$$

这个积分可算出圆球在特定时间 t 的高度。依据简单的运算法则，我们可以将其写成：

$$h(t) = 200 - 4.9t^2$$

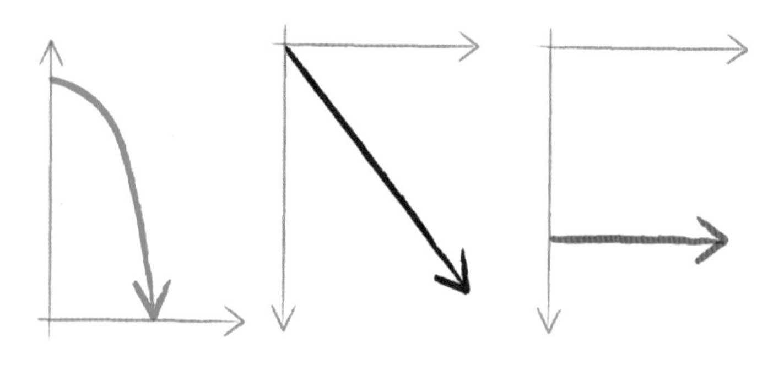

← 此图显示圆球下落的高度、速度和加速度随时间变化而变化的情况。

这是不是就回到了我们的起点？因此，微积分基本定理提供了一种可以倒着计算运动物体的速度的工具。从更大层面上讲，由于抓住了计算的本质，微积分基本定理的内涵及重要性远不止于此。就连微积分基本定理的现代翻版斯托克斯定理也有着极为广泛的应用场景。在数学模型中，微积分基本定理深刻地阐释了空间、时间的本质。

总结

微分可以精确地描述事物变化的方式，积分可以将趋于无限小的量求和；微分、积分真可谓同一枚金币的两面，这真是令人叹为观止。

曲率

微分几何是现代物理学研究最为关键的数学工具；而曲率作为微分几何的概念之一，不仅花开最早，而且果实累累。

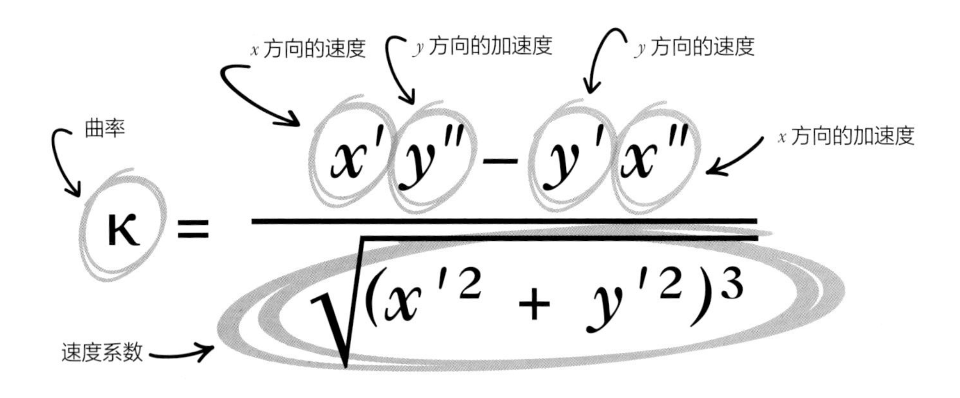

1. 曲率的内容

什么是曲线？简言之，就是一系列满足特定方程的点（参见第 14、16 页）。其次，我们还可以用更加动态的方式来理解它：假设我们自己是微小的粒子，嗖嗖地在弯曲的轨道上匀速运动，留下的足迹会是怎样的？或许我们会问：画出的线的形状重要吗？当然重要。再比较一下：在笔直的、长长的沙漠高速路上驾车，与行驶在弯弯曲曲的乡间小道上，有什么不同吗？即使不知道沙漠高速、乡间小道具体在哪里，我们只要闭上眼睛，也可以清楚地想象到两者的不同。在我们脑海里大量涌现的，正是曲率效应带来的感觉。

如果我们想知道道路在任意一点上的弯曲程度，曲率就是一把精密的测量工具。在弯曲的道路上行走，运动方式与沿着直线前行是不同的。

2. 曲率的重要性

沿着弯曲的道路行驶，我们需要不断地改变方向，这意味着我们需要加速度，而这又意味着有外力会作用于我们，我们会被这种外力甩来甩去，一会儿在左，一会儿在右。如果我们在笔直的道路上行进，有时甚至会忘了自己在前行。曲率方程体现了速度与加速度之间微妙的平衡，这种平衡精准地反映了曲线的本质。我们在直直的、长长的道路上行驶，会感到舒服安逸，只是偶尔有点单调乏味。但是，如果游乐场的过山车采用直轨，后果则不堪设想。设计人员在设计过山车之类的轨道设备时，会运用曲率来设计、架设轨道，既为游客带来刺激，又提高了安全性，这在过山车“翻跟头”的时候特别重要，必须确保游客不会因为加速度而“飞出去”。早期的过山车设计只是简单地将直线轨道拼接在圆弧形轨道上，但是，在游客将从直线轨道（零曲率）突然爬升到圆弧形轨道时，曲率会突然变化，进而导致“加加速度”的突然变化。我们可以设想一下“加加速度”突变的感受——非常不舒服，胃里会翻江倒海。

我们乘坐老式火车，也会有这种不舒服的感觉，因为它的铁轨也有拼接圆弧铁轨（当然，火车的圆弧铁轨是平铺在地面上的），从直线铁轨转到圆弧铁轨，火车改变了方向，就会让乘客感到被甩了一下。无论是坐过山车，还是坐火车，被突然甩一下的感觉都不舒服。

今天，人们很容易理解上述问题。而且，得益于微分几何，我们其实很少再有被突然甩一下的经历了。无论是火车还是过山车，由于它们的轨道都采用了特殊的曲线，曲率可以在迅速变化的同时平稳过渡。最能说明问题的例子是回旋

曲线。我们可以用同样的思路来理解宇宙飞船和飞机的飞行轨迹。它们在飞行过程中，同样需要尽可能地有效避免各种外力带来的危险。对于喷气式战斗机的飞行员而言，这种外力危险是需要特别考虑的。喷气式战斗机在高速飞行时，飞行轨道对飞机和飞行员都会产生巨大的作用力。

↑ 从直线轨道爬升到圆弧轨道时，曲率会突生变化，进而导致“加加速度”变化。现过山车使用回旋曲线来实现轨道的平稳过渡

又如，我们也可以用曲率来计算曲面镜子或曲面镜头的焦点。一块厚镜片，假如其前后的曲率是恒定的（但不一定必须相等），那么，由“制镜方程”可知：

$$P=(n-1)\left(\kappa_1-\kappa_2+\frac{(n-1)\,d\kappa_1\kappa_2}{n}\right)$$

其中，P 是镜片材料使入射光发生折射的能力，称为折射率；d 是镜片的厚度；两个曲率分别对应离光源较近和较远的两个曲面。注意，镜片品质的优劣，仅仅取决于它的材质、厚度与曲率。

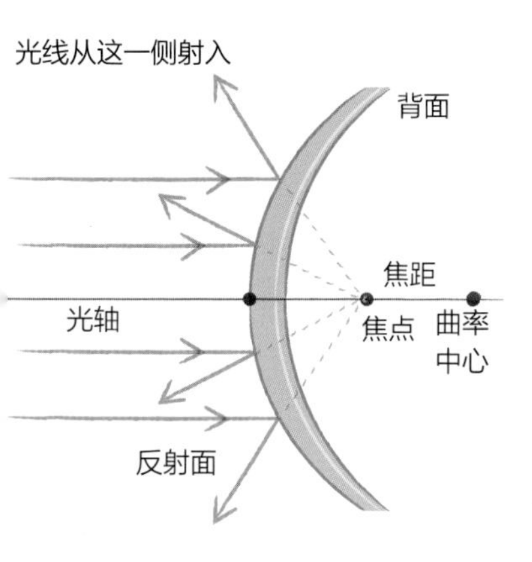

镜面的曲率决定其焦点。图中的凸面镜使光线被散射，进而导致图像被扭曲。

3. 扩展内容

平面上任意一点的位置，可以用一对数值，即坐标来描述（参见第 4 页）。如果这个点处于运动状态，那么，坐标中 x 与 y 的值，就是随时间变化而变化的，这就可以解释为点在 x 和 y 方向的变化率。我们可以用微积分的语言把以上文字记作：

$$x' = \frac{dx}{dt} \quad 与 \quad y' = \frac{dy}{dt}$$

x'右上角貌似怪异的“一撇”，表示对时间的一阶导数，即求 x 方向的速度。x'' 的右上角有“两撇”，表示对时间的二阶导数，即求 x 方向的加速度。在给定的瞬间可以计算出 x、y 的值（点的平面位置），x'、y' 的值（点在 x、y 方向移动的速度）以及 x''、y'' 的值（点在 x、y 方向移动的加速度）。有了这些数值，就可以计算出运动物体在任意轨迹点的曲率。

下面看看我们在本节开头给出的方程（参见第 40 页），等号右侧的分数可以描述为：分数的分子部分，意为“x 方向的速度乘以 y 方向的加速度，减去 y 方向的速度乘以 x 方向的加速度”。这已经非常接近于得出曲率了。分数的分母部分，主要作用是调节方程，所以，最后无论定点移动的速度如何，结果都是一样的——无论我们以怎样的速度行驶，其实都与道路的弯曲程度没有关系。当然，以不同的速度在弯道上行驶，我们的主观感受是不一样的。分数线以下部分，简单地说就是将分子部分与速度大小有关的因素消去。通过以上计算，我们就可以求出曲率的客观度量值。

曲率可用极其简单的方式来视觉化呈现。在曲线上任意的一点，都可以画一个圆与曲线相切，这个圆被称为曲线的密切圆（osculating circle，*osculare* 源自拉丁语“亲吻”）。我们可以轻易地画出密切圆来：先从曲线的一点作一条直线，其长度为 1/kappa，而这就是密切圆的半径。注意：曲线越是弯曲，密切圆越小，这一点也很好理解。所以，我们在驾车途中遇到急转弯道时，转弯半径画出的圆，应该小于弯道上任何一点的密切圆！

我们只需要多下一点点功夫，就可以解释清楚二维曲面上的各种曲率。最容易理解的是“平均曲率”。假设我们在丘陵上游玩，原地转身一周，就会看到不一样的景色：一会儿我们可以俯瞰山下的美景，一会儿我们又要仰望山顶的风光。从自己所站的位置开始，随着身体的转动，用视线画一条线。一圈转下来，我们“画”出了一条曲线，它的曲率可以算出来，而且还是随着我们的转动而变化的。最大曲率与最小曲率的平均值，就是我们所在点的平均曲率。

某些自然过程产生的形状，其平均曲率可能趋于零，这被称为“极小曲面”。我们最熟悉的例子是肥皂泡和肥皂膜。

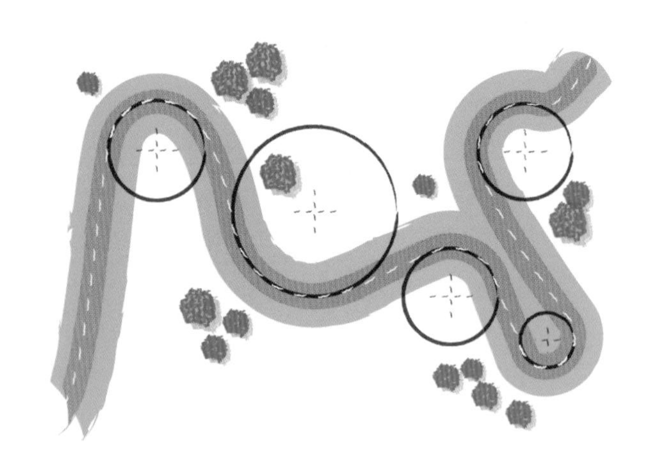

← 弯道越急，密切圆越小。

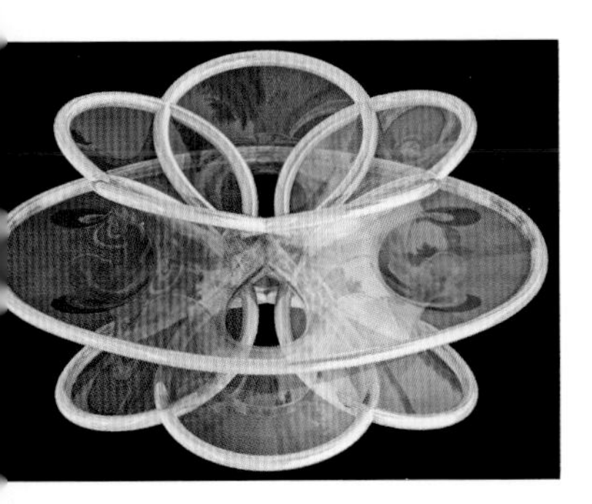

肥皂膜具有表面张力，可使膜的平均曲率变成零，并将膜“拉拽”成为表面面积最小的形状。

膜的表面张力会使肥皂泡的形状变为极小曲面。

有关极小曲面的数学研究，早在 18 世纪就随着微积分的发展成熟而开始了。可直到今天，极小曲面仍然是科学家的研究热点之一，而且在许多领域都有越来越广泛的应用。比如，雕刻家、建筑师和商业设计师广泛采用极小曲面进行设计，从而使其作品的造型十分酷炫。

总结

借助于微积分，几何学有了更为强大的表现力。对于曲率之类的概念，微分几何可以给出精准、实用的定义，进而使这些概念不再是模糊的、描述性的了。

对数

17 世纪发明的对数，满足了简化航海运算的迫切需求。时至今日，对数作为精妙的计算工具，在数学领域内外的应用仍然数不胜数。

取对数的数

使对数函数成真的数字 c

$$\log_b(a) = \{c \mid b^c = a\}$$

底数

1. 对数的内容

假设我们有一台机器，它的上端是漏斗，下端是滑筒，当我们把一个数字倒入漏斗，就会从滑筒滚落出另外一个数字。再假设这台机器通过内部的运转，可以将倒入的数字自乘 3 次（至于机器具体是如何运转的，我们暂且不去理会）。那么，如果倒入漏斗的数字为 5，机器就可以计算 5^3，即 $5 \times 5 \times 5$，最终从滑筒里出来的数字是 125。

再假设我们还有一台机器。已知从滑筒里出来的数字为 64，那么，倒入漏斗的是哪个数字呢？为了得出答案，可将 64 置入漏斗，让机器“求立方根”，从滑筒里出来的数字就是 4。算式写出来就是：$\sqrt[3]{64} = 4$，而这不就是换了一种方法来解读 $4^3 = 64$ 吗？这就意味着第二台机器可以把我们用第一台机器做过的事情再倒着做一遍。用数学术语来说，求

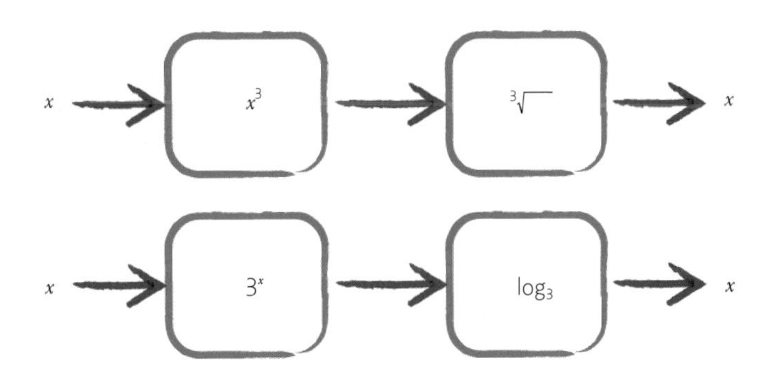

把数学函数想象为神奇的魔盒，将有助于我们理解：把一个数字置入魔盒，它就会把这个数字倒腾一番，然后蹦出一个新的数字来。如果两只魔盒的作用相互抵消，一番倒腾之后，仍将我们置入的那个数字原原本本地还给我们，那么，这两只魔盒（函数）互为反函数。

64 的立方根，其反函数为求 4 的三次方。

现在假设我们还有第三台机器，它运行的方式与前面两台略有不同：无论倒入漏斗的是什么数字，机器都可以将这个数字作为 3 的幂加以运算。比如，置入的数字是 5，机器就可以运算 3^5。求 3 的五次方，就是将 3 自乘 5 次，因而从滑筒里出来的数字就是 $3 \times 3 \times 3 \times 3 \times 3 = 243$。再假设，从滑筒里出来的数字为 19 683，那么，倒入漏斗的是哪个数字呢？换言之，若要让等式 $3^x = 19\,683$ 成立，那么，x 应该为哪个数呢？这就是对数寻求的答案了：$\log_3(x)$ 是 3^x 的反函数。

2. 对数的重要性

17 世纪初，为了减少手工乘除大数字的麻烦，人们苦心寻求简便的计算方法，进而发明了对数。对数在航海中特别实用，海上航行计算量大，而且意义重大。任何一个微小的计算错误，都会带来偏离航线的危险。

我们知道，除法是乘法的逆运算，反之亦然。我们还知道，幂指的是指数运算的结果。n^m 指将 n 自乘 m 次，而对数则将乘法问题变成了加法问题，如：

$$
\begin{aligned}
59\ 049 \times 2\ 187 \\
&= 3^{10} \times 3^{7} \\
&= 3^{(10+7)} \\
&= 3^{17} = 129\ 140\ 163
\end{aligned}
$$

在上例中，59 049 × 2 187 原本是两个大数字的乘法，但是，负责航线的船员只需一本对数表，就可以把复杂的乘法简化为 10+7 的简单运算了。有了 17 这个数字，在对数表里倒着查 3 的 17 次方，就可以非常快速地得出答案：129 140 163。对数作为简化大数字计算的工具，像我们假想的那种机器一样运转，将一个数字置入漏斗，然后，嘣！从滑筒滚落出另外一个数字。

上述两例中，无论是求立方根，还是开三次方，都人为地简化为与数字 3 相关。但实际上这种技术适用于任意一组数。因此，即使不用 3，用任意一个数作为“底数”，其运算过程也是一样的。比如，假设底数为 5，上面的演算变为：

$$
\begin{aligned}
\log_5(59\ 049 \times 2\ 187) \\
&= \log_5(59\ 049) + \log_5(2\ 187) \\
&\approx 11.6043
\end{aligned}
$$

$$5^{11.6043} \approx 129\ 140\ 163$$

“≈”意为“约等于”，表示计算结果为近似值。当然，仅就我们举例的目的而言，这个运算结果已经是足够近似的值了。

不同的底数可为运算带来不同的便利。比如，如果 10 为底数（10 的多少次幂），那么，对数方法就可以便利地算出任何一个十进制数字的位数。如果采用向下取整法，数字

第三台机器可以将贝蒂小姐置入的数字 5 作为 3 的指数即 3^5。如果从滑筒里出来的数字是 19683，那么，贝蒂小姐只要将这个 19683 置入一台名为 $\log_3$ 的机器，就可以找出她的同事最初置入的数字。

的位数就始终比它的 $\log_{10}$ 大 1。

让我们以简单的例子来说明吧。如何确定十进制数字 10 000 的位数呢？我们知道，10 000 即 10^4，因此，$\log_{10}(10\,000) = 4$，而 10 000 的位数是 5，是不是 4+1=5 呢？再举一个更具普遍意义的例子。如需确定 37 652 的位数，方法是一样的：$\log_{10}(37\,652) = 4.5757881\cdots$，而这个数按向下取整加 1 得到 5——37 652 不正是 5 位数吗？

按以上方法求出的数字，专业上称作“数量级”。就某些自然现象而言，数量级的意义远远大于仅仅以数字呈现的度量结果。地震强度最能说明问题。目前，国际通用的地震震级标准是“里氏震级”，它以 10 为底的对数来测量地震波的最大振幅，这就意味着，里氏 3 级地震释放出来的能量是里氏 2 级地震的 10 倍。其他以 $\log_{10}$ 来衡量强度的例子，常见的还有声音的分贝数和表示酸碱度的 pH 值。在这些例子中，强弱等级不同，数值或大或小，因此，单一的数值难以比较。如果用 log10 来衡量，我们就容易理解。即使我们不懂对数，也容易理解差异的程度。

另一个常用的对数是以 2 为底的对数，它给出了某个量翻倍的次数。就稍差八度的两个音而言，较高的音的振动频率是较低的音的 2 倍。由于历史原因，A4 这个音（大约在钢琴键盘的中间部分）的频率的国际标准是 440 Hz。Hz（赫兹）是频率单位，代表一秒钟之内的振动次数。假设我们已知某个音的频率为 110Hz，那么就可以列出对数算式：

$$\log_2(440)-\log_2(110)=2$$

由此我们可知，在 440Hz 和 110Hz 之间，其实存在两个八度（110 翻一倍为 110 × 2=220Hz，翻两倍就是 110 × 2 × 2 =440Hz）。

以 2 为底数的对数，还可以用来计算放射性材料的半衰期。但是，半衰期表示数量减少，所以表示数量增长的底数 2，这次要换成分数 1/2 了，这是计算半衰期的关键所在。

应用于心理学上的费希纳定律告诉我们，知觉与刺激强度的自然对数成正比。这原本是一条总体上的近似关系，但可以用来测算各种各样的刺激量，运用范围极广。这也许可以解释为什么会有人更喜欢用对数表来测量感官体验到的事物。

3. 扩展内容

我们常常用到一个特殊的底数：e，即所谓的“自然对数的底数”。人们选用这个不同于 2 或 10 的 e，将它作为自然对数的底来计算连续增长的数量。但是，e 是一个无理数，

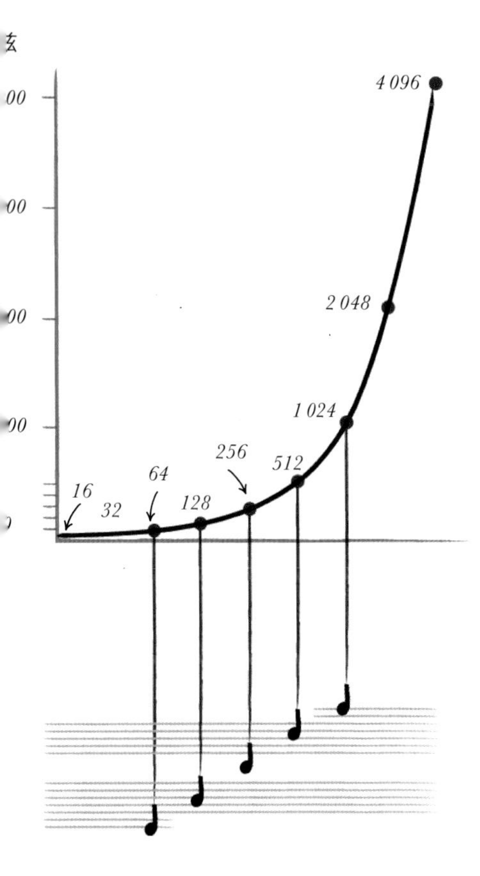

相隔八度的音符构成了一个以 2 为底的幂序列，因此，对数可以用来计算一对高音之间有多少个八度。

是一个无限不循环小数，它又有什么作用或意义呢？

为了便于理解自然对数的底数 e，经常举到的例子是借贷中的“利滚利”（专业术语为复利）。

首先，假设我们存入银行 1 000 英镑，年利率为 5%。那么，三年后我们的账户里有多少钱？其算式为：

$$1\ 000\times(1+0.05)^3\approx1\ 157.625$$

也就是说，我们用存入的本金乘以连续三年的利息。嗯，这种算法有个假设条件，即一年付一次利息。如果一年付两次利息，一次付一半年利息，是否可以呢？当然可以。其算式为：

$$1\ 000\times(1+0.025)^6\approx1\ 159.69$$

上面的算式将年利率 5% 分为一半（即 2.5%，也就是 0.025），然后将它自乘 6 次，再乘以本金。哇！我们得到的钱比第一次算出来的还多出一点点。

那么，用同样的方法反复计算，我们账户里的钱会不会越来越多呢？不会。支付周期划分得越小，存款利息就越趋于某个极限。

古人言：“自然从来不飞跃。”这句话的意思是说，自然界的增长现象不是瞬时发生的，它是一个连续不断的过程。即使看起来发生了突然变化的事件，放大了来看，其变化速度虽快但过渡平稳，绝不是在一瞬间发生的。这也是牛顿的科学思想方法蕴含的基本判断之一。对数以简化图景的方式既包含了一系列突然的离散的变化，又包含了自然界真实的、有机的过程。

还是“利滚利”的例子可以更好地说明上面这段话的意思。假设在一年的周期里，银行支付利息的次数平稳增加，即付息次数越来越密集，那么，客户每一次获得的利息就会越来越少。付息周期可以分为每周一次、每天一次、每小时一次，甚至每一秒一次……但是，付息频率越高，单次利息收入就越低。

其实，如果将付息周期如此细分下去，我们的思绪就会回到前面章节谈到过的极限：

$$\lim_{n \longrightarrow \infty}\left(1+\frac{1}{n}\right)^{n}$$

从上面的算式可以看出，年度时间里增加的付息次数趋于极限值，增加的利息金额则趋于 0。这个极限值就是称之为 e 的那个数，它描述了在自然界里的连续增长。0 的值大约是 2.718，它不可能完美地表述为一个十进制整数或分数，但它正是我们在描述此类增长时使用的对数的底数。

让我们再快速地浏览一个例子。假设一棵植物七天之前的高度为 40 厘米，现在的高度是 45 厘米，那么，这棵植物的增长率为多少呢？假设植物的增长是连续进行的，那么，它在一周时间里的增长率就是 $\log_e(45/40)=0.1178$（近似值）。换言之，这棵植物的增长率大约为 11.78%。

注意，这棵植物的实际增长率可能为 12.5%。或者说，假设这棵植物是在第七天突然长高了 5 厘米，那么，它就需要在第七天以 12.5% 的速度生长。但如果这棵植物还是按照 11.78% 的速度在持续增高，那么，到了下周末，它的高度就是：

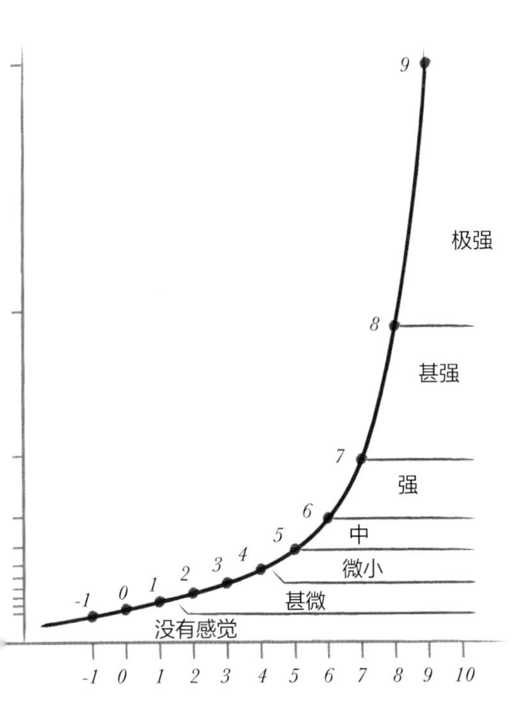

里氏震级以对数表现地震强度，比线性划分的震级更贴近我们的直观感受。

$$45\text{cm}\times e^{0.1178}\approx 50.625\text{cm}$$

总之，自然对数具备一种特殊能力，可以精准地预测连续增长或连续减少的量。基于此，无论自然对数看起来如何怪异，都值得我们去了解，去适应它的特殊之处。

总结

对数可以把乘方、开方转化为乘除，将乘除转化为加减，从而简化运算。而且，它是计量连续增长的数学模型，也是描述以指数方式增长现象的更为简捷的方法。

欧拉恒等式

欧拉恒等式将最基本的五个数学常数联系到了一起，被誉为最美的数学公式之一。

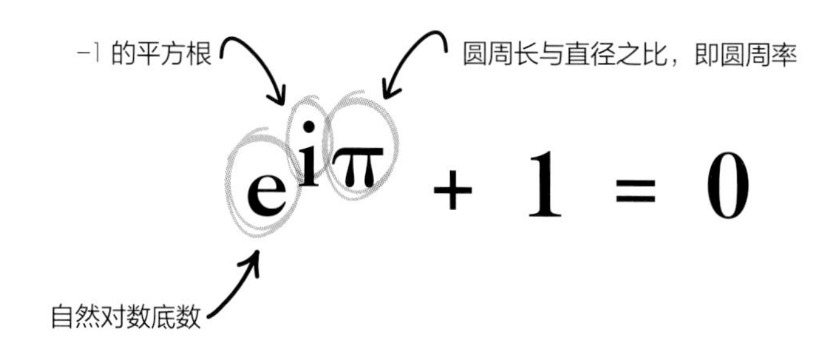

1. 欧拉恒等式的内容

数学里有五个最基本的常数：e，自然对数的底数；i，虚数单位数，表示-1 的平方根（下文另述）；π，圆周长与直径之比，即圆周率；自然数 1；自然数 0。其中，任何数乘以 1 或者任何数加 0 都等于本身。

这五个常数本无关联，但在欧拉恒等式中，它们走在了一起，其中的巧妙与魅力令人惊叹，也使该恒等式成了世界上最著名的数学公式之一。

2. 欧拉恒等式的重要性

欧拉恒等式是关于“复数”的。复数是数的概念的扩展，有别于我们从学生时代就学习过的数的概念（后文另述）。复数的作用奇特，我们需要花一点儿时间去逐步了解和逐渐适应。事实上，在很长时间里，复数曾经被认为是数学里独一无二的怪物，是异想天开的发明，它超越人类的数学想象力而难以驾驭。

然而，物理学、工程学的知识大厦，大多都是以复数为根基来构建的。原因之一是在特定条件下，物理学、工程学上的复数问题大都可用欧拉恒等式求解，即使有的问题没有“实数的”解，但可以有“复数的”解。复数可以高效地解决许多原本十分复杂的问题，并催生了许多优美的理论的创立。

运用复数（包括欧拉恒等式），可以轻而易举地化解现实生活中的许多实际问题，其便利是一般数字无法企及的。复数在流体力学、电子工程学、数字处理等领域应用广泛；复数与量子力学的基本方程，也是形影相随。

在很多情况下，不同学科领域的应用问题，包括现代科学及现代技术皆可用本学科的微分方程求解。然而，一旦引入复数，这些不同学科的微分方程又都易如反掌。

3. 扩展内容

任何数乘以它自己，答案总是正数。即使是负数，答案也是正数，比如，$(-2)\times(-2)=4$，不是 -4。如果你也觉得有些费解，不必担心，其实直到 18 世纪，欧洲的数学家依然莫衷一是，甚至有人认为负数本身就纯属无稽之谈。

然而，人们最终意识到，“负负得正”的乘法法则不仅可以接受，还可以使其他数学运算更加便捷有效。人们改变了思想，并认为：负数没有平方根，原因是没有哪一个数在乘以自身以后得出负数。

如果不深挖历史，我们也可能会草率地提出一个问题：真的没有人问过$\sqrt{(-4)}$有何意义吗？毕竟有人曾经问，假如我们可以用 3 减 5，会发生什么呢？遗憾的是，历史并没有记录是谁提出了这个问题。

至此，我们可以谈谈字母 i 了。i 是速记符号，表示$\sqrt{(-1)}$，即 -1 的平方根。基于一些其他的代数基本规则，我们可以用 i 来书写其他负数的平方根，如：

$$\sqrt{(-64)}=\sqrt{(64\times-1)}$$
$$=\sqrt{64}\times\sqrt{(-1)}=8i$$

字母 i，是英文单词“imaginary”的首字母，这个单词意为“想象的”。为什么用 i 来表示虚数呢？因为没有人认为它代表的数字是正确的。随着时间的推移，“复数”的概念出现在数字系统，它的使用价值出人意料，无论是在现实生活中还是在纯数学研究中，复数都能大显神通，并得到了广泛认可与应用。

本书将有几处谈到复数。我们无须详尽地去了解复数的定义、分类及应用领域等具体内容，但也可以简略地了解一下复数的运算原理。

欧拉恒等式描述的基本事实，关乎复数的几何学意义。从本质上讲，欧拉恒等式表达的是一种图形的变化。简单地说，就是从 1 出发，沿着 i 的方向旋转半个圆的长度（即 π 个单位），最后转到了-1。这样说似乎有点玄乎，下面我们

↓ e, i, π, 1, 0 五个常数互不关联，它们结合在一起实属罕见。

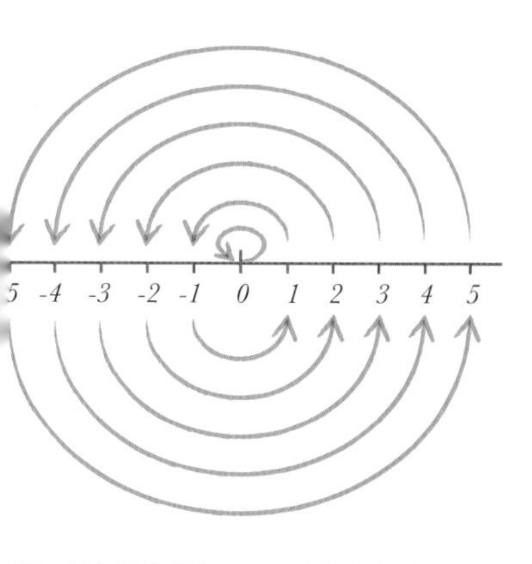

假设所有数字是在一条无穷长的轴线上，数字 0 位于轴线正中央，那么，我们就可以想象，任何数字乘以 -1，就是把这个数字旋转了半圈。

再详细讲一讲。

我们首先需要将复数想象为一个由两部分构成的数：$a + ib$，其中，a 和 b 都是普通的数（包括负数、分数等）。复数之所以得名，就是因为它们是由一个以上的部分构成的，这里“复”与“单”相对，而不是与“简”相对。

这下，我们就容易理解了：复数由两部分构成，a 部分被称为实数部分，b 部分被称为虚数部分。假设我们想用复数系统来表示一个普通的数，就可以设定 b 为 0，这个复数就没有虚数部分，只剩下实数部分 a。此时，我们假想的数轴就犹如一把直尺，直尺的正中央是数字 0，这样一来，正数在数轴上向右延伸，负数在数轴上向左延伸。

复数有虚数部分，所以，在我们想象的数轴上并没有适合它们的位置。但是，复数在被称为“阿尔冈图”的二维平面上可以画出来。在二维平面上，每个点都有 x 坐标和 y 坐标（参见第 4 页），所以，可以将它们分别理解为复数的实数部分和虚数部分。这意味着在图上不仅有一条代表普通数的数轴（x 轴），同时也可以包含更多其他类型的数字。

但是，为了讲清楚欧拉恒等式，我们需要从不同的视角来审视“阿尔冈图”。每一个复数都可以被视为“阿尔冈图”上的一点——既然所有实数能用一条数轴表示，那么，复数也能用一个平面上的点来表示。在直角坐标系中，横轴上取对应实部 a 的点 A，纵轴上取对应虚部 b 的点 B，并过这两点引平行于坐标轴的直线，它们的交点 C 就表示复数。同理，每一个复数也可以被视为一条线段——连接复数坐标点和原点（平面上坐标轴的交点），不就形成一条线段了吗？——如果我们想从原点直接走到复数坐标点，就一定得沿着这条直线行走。

假设我们站在原点，面向 x 轴的正方向，如何才能找到复数呢？我们需要沿 x 轴以逆时针方向旋转，当我们的视线与复数连接成线时，就会形成一个夹角——要描述一个复数，我们要用到以下两个数值：一是我们在原点需要以逆时针方向旋转多少度，才能看见这个复数；二是我们从原点到复数之间的直线距离。多少度，称为“辐角”；距离多远，称为“模”——这就是我们描述复数的又一种方法。

事实上，我们可以用更紧凑的语言来表述，那就是用特殊数字 e 来表示复数——请相信，这是可以的。那么，当已知一个复数的“辐角”和“模”的值时，这个复数就可以表述为：

$$me^{ia}$$

想象一下：假设 m 值保持不变，a 值加大，代表复数的线段可以像钟表指针一样旋转，会发生什么呢？会留下一个半径为 m 的圆。如此一来，复数可以看作复平面圆上做圆周运动的点。如此一来，任何情形下的复数都可以获得了。

为了完全理解欧拉恒等式，我们还需要再弄懂一个概念。人们习惯用来量度角的单位是度，360° 就是一个圆——或许，这个 360° 多少有些荒谬，为什么圆正好是 360°？据说，这与古巴比伦人有关。但是，这也不能说明圆为什么不是 300°、400°、100° 等度数。事实上，以度数来描述角的大小，很多时候还真的不方便，所以取而代之的便是弧度。

用弧度作为角的度量单位，广泛用于数学及其他学科。在弧度制下，圆的弧度不再是整数，而是 2π。——乍看之下，这个 2π 也颇为怪异，它却可以将角与圆两个概念密切地结合起来。

那么，$e^{i\pi}$ 代表了什么数呢？

推理如下：它的前面什么数也没有，可以推断它的

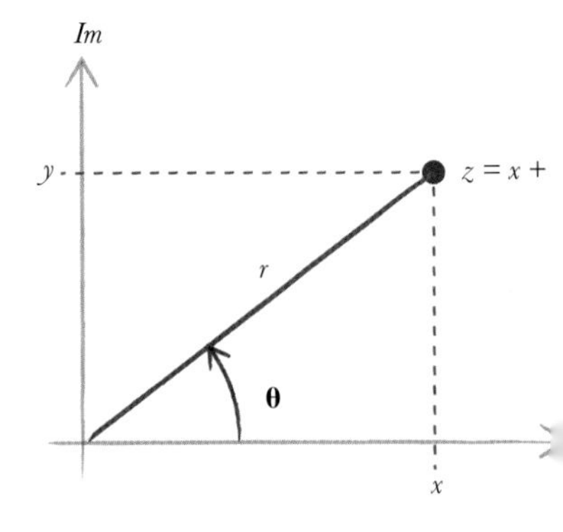

↑ 复数可以被视为二维平面空间上的一点。述某个复数，可以利用辐角（θ）和模（r）。

绝大部分的分形图像都是“阿尔冈图”，欧拉恒等式可以大大地简化有关分形图像的数学计算。

“模”为1；正圆的弧度是2π，所以可以说半圆的弧度为π。因此，它就是这样一个复数：一个单位长度在圆弧上旋转半圈后得到的那个数，那个数就是-1。所以 $e^{i\pi}=-1$。

就像黑夜之后必然是黎明一样，既然 $e^{i\pi}=-1$ 成立，那么，$e^{i\pi}+1=0$ 就必然成立。$e^{i\pi}+1=0$ 就是欧拉恒等式。它描述的是圆周运动在复数世界里的中心作用。

总结

与本书描述的其他方程相比，欧拉恒等式的实用性并不十分突出。但是，它将不同的数学分支（三角学、复数、对数）联系起来，使复数的有关运算变得极为便利。

欧拉示性数

四色定理的内容一目了然，但它至今仍是世界级数学难题之一。

欧拉示性数　顶点个数　边的个数　面的个数

$$\chi = V - E + F$$

1. 欧拉示性数的内容

我们可能都听说过“管道问题”这个著名的游戏吧？游戏的内容很简单，就是为三座房子铺设水、电、气三种管道。但游戏的规则是：每种管道需铺设到每座房子，且管道线不能交叉。

完成游戏的难度源自“欧拉示性数”：平面的欧拉示性数为 2。所以，在“管道问题”游戏里，三种管道都不交叉是不可能的。解决问题的办法是把三种管道铺设在“甜甜圈”上！——它是环面，其欧拉示性数不同。

或许，我们还听说过另外一个著名的“问题”：假设我们有一张地图（想象中的地图也无妨）需要着色，它的画面被分割为一块又一块，分别代表不同的“国家”，那么，为了保证任意两个相邻的国家标注的颜色不同，我们最少可用多少种颜色？这就是著名的“地图着色问题”，它也与欧拉示性数相关。

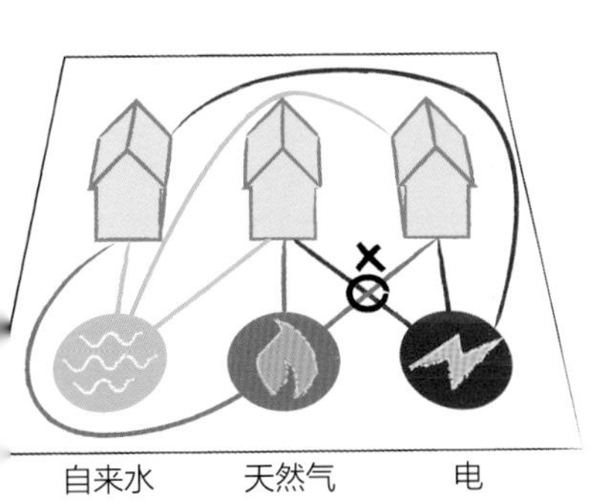

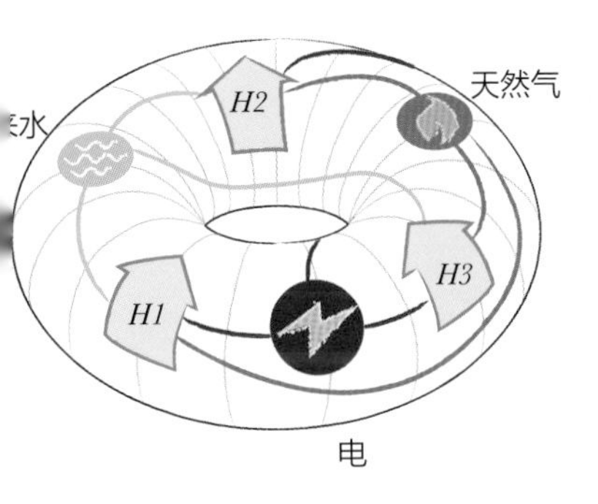

"管道问题"在平面上无法解决，在环面上却可以轻而易举地解决。

2. 扩展内容

前面游戏中的"管道问题"，数学家通常会将其称为图论问题。图是由"点""线"构成系统，其中，点称为"顶点"，线称为"边"。图论具有非常高的实用价值：譬如用来表示任何事物构成的网络，这些事物无论大小，都可被称为"顶点"，它们由道路、电缆、地铁或诸如此类的"边"连接而成为网络。

从本质上讲，公共交通地图是图，计算机网络示意图、工艺流程图、电路板设计图等都是图。因此，图论具有极为广泛的应用背景。在很多重要的实际应用中，解决相关问题的办法却总是费时、费力的——可以说，任何有关图论的重大发现，都将在方方面面影响到我们的生活。

画在纸上且边不相交的图，称为"示平面图"（纸是平的，可以看作一个数学意义上的平面）。纸上的图将这张纸分割成为若干小块，每个小块之间的界限就是一条"边"，一个小块区域就是一个"面"。

显而易见，这样一个平面图的顶点、边和面在数量上存在关联性——我们自己动手，在纸上画这样一个图试试看吧。游戏里的"管道问题"之所以解决不了，原因就在于破解难题的图是非平面的。在一张纸所在的平面上，我们真的画不出三种管道连接三座房子且管道线没有交叉的图形。

在纸上画一个边不相交的图，可以帮助我们计算平面的欧拉示性数。比如，画一个三角形，那么，我们就有 3 个顶点、3 条边，而且此三角形将纸平面分为了 2 个面——三角形内一个面，三角形外一个面。因此，可以列出的算式：

$$\chi=3-3+2=2$$

因此，这个平面的欧拉示性数为 2。如果我们认为三角形具有什么特殊之处，一般情况下我们是对的，三角形确有特殊性，但是在计算平面的欧拉示性数时，它相较其他多边形并没有什么特别的。即使我们在纸上画的是四边形、八边形等其他图形，我们得到的欧拉示性数也是一样的。当然，多画几次图，我们或许可以更好地理解为什么平面上多边形的欧拉示性数是 2。

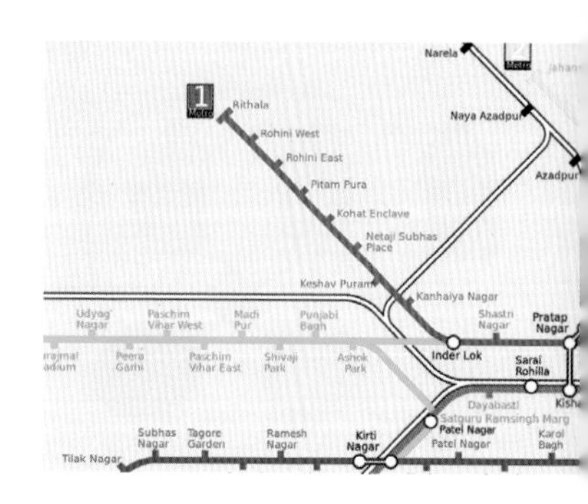

↑ 交通网络示意图通常被绘制为二维图像。

再举一例。假设我们给一张非常复杂的地图着色，需要用到多少种颜色？

这个问题浅显易懂，也可以轻而易举地转换为一个有关图的问题：在代表国家的图形里置入一个“顶点”，若遇到两国相邻，就把两个“顶点”用线连接。

1890 年，英国数学家珀西 · 赫伍德（Percy Heawood，1861—1955）证明了五色定理，就是说对地图着色，不超过五种颜色就够了。但是，人们一直猜想每幅地图都可以只用四种颜色着色。

这一猜想最终在 1976 年才得到证实。在这一年，美国伊利诺伊大学的数学家凯尼斯 · 阿佩尔（Kenneth Appel，1932—2013）和沃尔夫冈 · 哈肯（Wolfgang Haken，1928—　）首次证明了四色定理。但是，由于他们借助了计算机来进行特大数量的数字计算，这种证明方法至今仍有争议。毕竟，人类还没有能力去验算电脑的计算结果。

总结

拓扑学研究空间属性，既追问各色各样空间的相互联系，又探究空间里千奇百怪的“洞”。欧拉示性数则可以把有关空间属性的描述性问题转化为方程。

第二章

身边的变革——技术

墨卡托投影

可用来绘制平面世界地图的方法有哪些？各有什么优点与缺点？有没有“最佳”方法？

垂直位置

$$v(a,b) = a$$

地理坐标

$$h(a,b) = \log\left[\tan\left(\frac{b}{2} + 45°\right)\right]$$

水平位置

1. 墨卡托投影的内容

为村镇之类的小地方绘制地图不是大问题，因为地球表面的曲率不会带来任何制图上的困难——放眼全球，小村小镇的区域几乎就是平面。再说了，如果仅仅是为了标识村镇之间的道路，地图上即便有一些小误差也不会带来什么大麻烦。

15 世纪末到 16 世纪初，横渡大洋的大航海时代来临，绘制地图的事情发生了巨大的变化。人们开始绘制世界地图，这就不可避免地涉及了地图失真的问题。想想也是，地图是平面的，但全球地表的平均曲率并不是零（参见第 40 页）。制图者徒步从一个地方走到另一个地方，无论走了多远的路程，最终都不得不放弃自己的某些测绘结果的准确球面投影法直观、易懂，但遗憾的是用此法绘制的地图存在严重的变形失真。

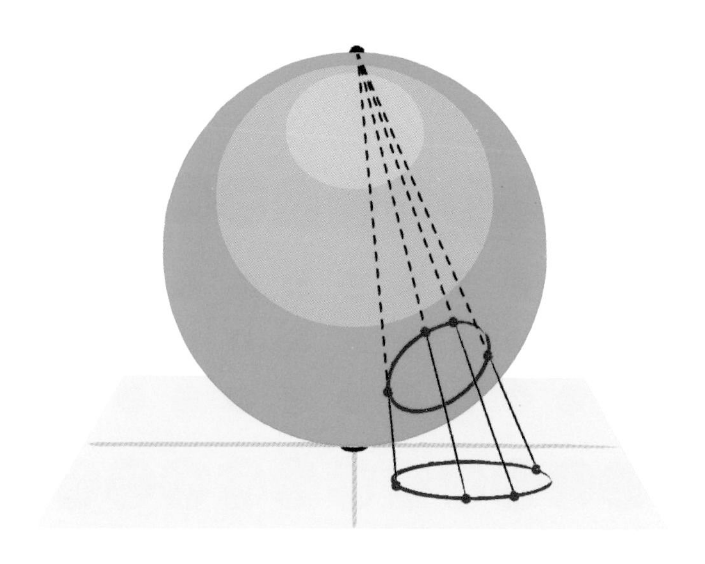

性，或者是距离与面积，或者是角度与位置。换言之，在当时绘制的世界地图上，要么事物的相对大小出错了，要么事物不在它们应该在的位置上。

2. 墨卡托投影的重要性

绘制地图需要采用折中的方法将地球展开形成平面，但选用什么方法让制图者绞尽了脑汁。现在可用的办法不计其数，其中，墨卡托投影法从 1569 年起就一直是最为流行的方法。事实上，将球面上的点映射到平面上的方法几经发展，几乎形成了一个“大家庭”，墨卡托投影始终都是这个大家庭里的重要成员，而且它的“近亲”——球面投影（参见上图）甚至在诸多数学领域都有极为重要的应用。

16 世纪的航海家穿越大洋时，需要用世界地图来导航。极小的误差都会使船队偏离航线，有时甚至跑到了离目的地

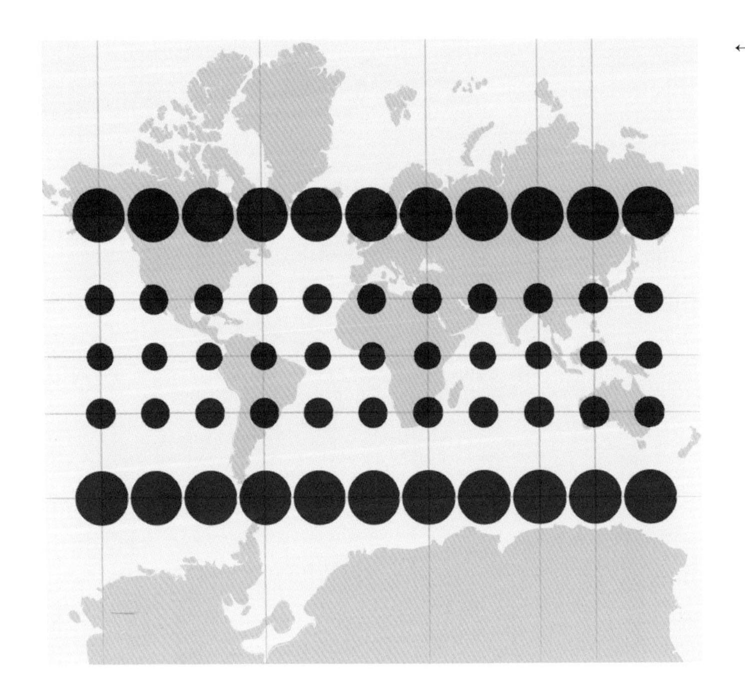

← 法国数学家尼古拉斯·奥古斯特·蒂
(Nicolas Auguste Tissot，1728—1797)提
的“蒂索指标”，采用大小不一的圆形来显
墨卡托投影中物体的变形情况。图中圆形大
本来相同，但投影到平面之后，越靠近极
圆的面积越大；越靠近赤道，圆的面积越小

千里之外的海域，一旦船上的储备粮食和淡水不足，后果不堪设想。因此，当时人们面临的巨大挑战就是找到可以映射球面到平面的方法。

人们在漫长的探索过程中还发现，不同的映射方法具有不同的属性，但没有哪一种方法是完美无瑕的，所以，制图者需要了解不同映射方法的优缺点，并综合运用各种方法来绘制世界地图。

3. 扩展内容

墨卡托投影的概念简单、直接。想要理解它的工作原理，最便捷的方法是想象一盏带灯罩的台灯。17 世纪的数学家亨利·邦德（Henry Bond，1600—1678）发明了定义投影的方程，可以用数学的方法将球面上的点与地图上的点联系起来。虽然这样可以不必借助上述设计，对于运茶的帆船却有些不方便。

下面我们来做一个小实验——假设你有一只根据精准地图制作的玻璃地球仪，那么，实验的第一步，在地球仪内部安装一盏小灯泡；第二步，将一个纸制的圆柱形灯罩套在安装了灯泡的地球仪上，注意灯罩需要做得高大一点，地球仪要刚好在赤道处接触到灯罩内壁；第三步，接通电源，将小灯泡点亮——你看到了什么呢？

实验的设想是将纸制的圆柱看作我们想要绘制的地图，圆柱虽是弧形的，但我们可以将纸展开为平面，而且不会有任何的扭曲变形。灯泡发出的光线直射在地球仪上——假如光线穿过大洋，那么，光线最终就会透过地球仪的玻璃射在圆柱形的灯罩上。如此，地球仪上的点通过光线映射在灯罩上，就形成了可用来绘制地图的点。

另一方面，如果光线射中了不同国家的边境线，光线就会被吸收，不再投射到灯罩上了，这样就轻松地把国境线在灯罩上标识出来了——这就是墨卡托投影。

墨卡托投影利用地心射出的光线将地表的事物转投到圆柱面上。

若要绘制平面地图，我们只需要将圆柱形的纸切开、展为平面就可以了，而且，按惯例是从太平洋纵向切开的。但在实际绘制地图时，我们可以通过本节讨论的两个方程（参见第 64 页），将经纬度转换成平面地图的 x 坐标和 y 坐标。

看到这里，你可能会有点担心：穿过北极区的光线，必定会射在圆柱形灯罩的顶部，会不会看不见了啊？你的担心也有道理！前面说过灯罩需要做得高大一点，事实上，如果想要映射出整个地球仪，我们需要一个无限高的灯罩。

但是，即便我们能制作出无限高的灯罩来，北极、南极两个孤点也投射不出来。这在实际的绘图操作中却不是一个大问题——从赤道开始越靠近两极，投影引起的失真越严重，两极地区的映射图像已经无法用来绘制地图了。如果真的在两极地区航行，普通地图就帮不上忙了，需要用到另外一种地图。明白了这一点，我们就知道，一个中型的圆柱形灯罩就可以绘出像样的地图了，但图上没有北极圈和南极圈。顾名思义，圆锥投影不再使用圆柱形灯罩了。它采用的圆锥形灯罩，既可以是尖圆锥形的（像欧洲的巫师帽），也可以是圆台形的（像亚洲的草帽）。然而，在尖圆锥和圆台两种不同的情形下，即使灯罩切开、展开的方式一样，即从顶点直直地切开再展开为平面，它们的映射图也是不一样的。注意，用圆柱形灯罩投影时，灯罩需要做得无限高，否则就会有光线从圆柱顶部逃逸；可是用圆锥形灯罩投影的话，圆锥顶点的映射不会丢失任何信息——事实上，在图上代表北极的点，就是圆锥顶点本身映射的那一点。当然，采用此法也要付出一点代价：圆锥形灯罩的底部需要扩得很大，这意味着南半球以极地为中心的一大块地区是没有投影的。

现在，再让我们想象一下：假设圆锥形灯罩可以变扁，会怎么样呢？随着圆锥变得越来越扁，最终它就变成了一张平铺在地球仪上的纸——这就是球面投影的方法之一：从中心灯泡射出的光线，将北半球上的每一个点映射到纸上；那些从赤道映射出来的点，将与纸的边缘平行，不会交集在一起；而那些从赤道以南地区映射出来的点，也不会交织，因为映射光线在纸上消失不见了。

下面，让我们展开想象的翅膀，用图画的形式再把上述内容在脑海里呈现一下——首先，画一个圆柱形；再画尖尖的圆锥形，圆锥点要画得很高、很高；再将圆锥点向下画，尖圆锥慢慢就变得没有那么尖了，直到圆锥点与北极点重合，此时此刻，用来投影的纸就是平的了——将这些步骤连在一起，我们采用的就是“兰勃特圆锥投影”了。

投影除了用来制图以外，还有许许多多其他的用途。立体投影的应用尤为广泛，譬如透视绘图、甚至复数理论等。此时作为光源的灯泡，通常是置于南极的，这当然不是随意置放的，需要根据缜密的数学定义来确定放置位置，还需要“用到”一张无限宽大的纸。——这样是不是就可以将整个地球上的事物都映射到纸上了呢？也不是。南极点就映射不了。运用上述投影方法，就只有南极一个点无法映射，这也是不可避免的——用我们自己的眼睛来看自己的眼球，看得见吗？

总结

将类似于地球的椭圆形球体展开为平面图确实不易，需要用到诸多折中的方法，其中，墨卡托投影是使用时间最早且效果最好的方法之一。

球面三角学

三角形在地球表面具有的特性，完全不同于画在黑板上的三角形。球面三角学知识让洲际飞行和全球定位系统（GPS）成为可能。

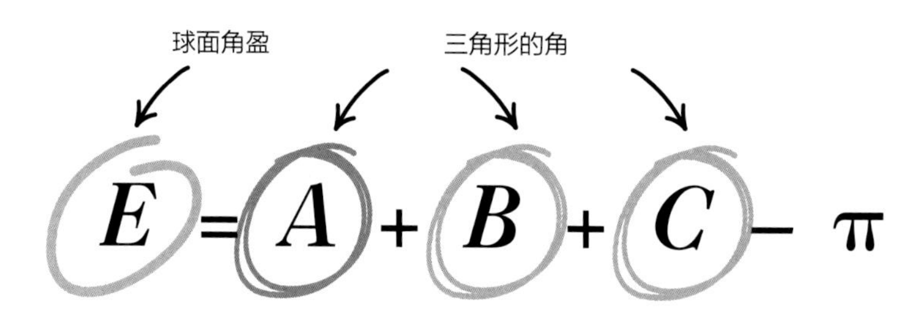

1. 球面三角学的内容

有一首儿歌的歌词是：

小熊玩游戏，向南复向东；

之后朝东爬，各爬一里地。

爬出三条边，终又回起点；

大家猜一猜，小熊啥颜色？

这首儿歌，不知道大家是耳熟能详，抑或闻所未闻？在我们继续讲解之前，请大家想一想：儿歌里唱到的小熊，它的毛发究竟应该是什么颜色的？

要想回答这个问题，我们首先需要回答另外一个问题：小熊在哪里才有可能"爬出三条边，终又回起点"呢？对啦，北极！所以，那头小熊极有可能是北极熊。大家知道，在通常情况下，北极熊是什么颜色的吧？

或许，你会问，那头小熊向南、向东、向北爬出了相同

北极熊困惑的根源，在于它错误地以为地球是平的。真是又憨又笨的熊啊！

的距离，怎么可能又回到起点呢？

这在极地世界是完全可能的——地球不可能像几何课堂上的黑板那样是平的，而是曲面的——这个曲面恰恰是理解问题的关键所在。

在黑板之类的平面上画三角形，三角形的内角之和为 180° 。但是，在球面上画出的三角形，绝无这个特性。你可以自己画画试试——找一个曲面来画三角形，但不一定非得是规则的球面。以气球为例，如果我们把三角形的顶点画得恰到好处，气球上的三角形就可能会出现两个直角，加上另外一个内角，三个内角之和远远大于 180° ——儿歌里唱到的情形，便是如此。

这意味着，我们在处理曲面上的三角形问题时，不应该死守住以前学过的理论不放，已有的三角学知识会把我们引入歧途。当然，如果处理的只是小问题，比如规划几栋以三角形排列的楼房，或是测量一块三角形的地，我们可以把地表当作平的，但在处理大型或特大型的有关三角形的问题时，此法就行不通了。

2. 球面三角学的重要性

在二维空间里精准地定位是我们都应该具备的实用能力。地球表面是二维空间，计算机或电视机显示屏也是二维空间，但它们的空间属性截然不同。许多空间问题、几何问题都可以简化为三角形问题，所以，只有正确地理解平面三角形、球面三角形具有的不同特性，才能给予我们解决问题的正确思路。上述两种情形的不同之处在于，显示屏上的三角形是平面的，但众所周知，地球是球形的，地球表面为曲面的。

平面与曲面，虽然都是“面”，但对于三角形的测量而言，可谓事关重大。在利用球面三角形来计算三边的距离与角度时，如果仍将它当作画在黑板上或笔记本上的三角形，那我们的计算结果就会出错。倘若问题的尺度可以分大小，那么，我们用学过的平面三角学知识来解决一些小尺度问题是可以的，但在解决诸如洲际飞行之类的大尺度问题时，其计算结果将“谬以千里”。

人类首次遭遇的大尺度三角形问题，出现在大航海时代。船队跨越大洋，航程极远，导航用的却是平面地图，将环球航线上的三角形问题当作平面三角形来处理，注定会发生偏离航线等灾难性的后果。在这样的历史背景之下，球面三角学诞生了。我们从其字面意思可知，它分析、研究三角形在球面上的边角关系。

↑ 浑天仪将天球分为八个三角形区域，每一个域的球面角盈皆为 90°，可用于天文计算。

球面三角学自问世以来，一直广泛地用于天文学、地理学等与球面密切关联的领域，最新的应用场景还包括卫星导航和太空影像等。卫星导航方便快捷，可以引导我们到达自己想去的地方；太空影像美不胜收，可以帮助我们看到那些自己去不了的地方。

3. 扩展内容

三角学（参见第 9 页）研究三角形，而三角形是由三条直线首尾相连而成的封闭图形。但问题是，球面上的线段可以被视为直线吗？大家可以动手试一试：取一只篮球，在篮球表面任取两点，再用直尺画线，能将两点连成直线吗？不能。硬硬的直尺会伸出篮球之外，它与球面并不贴合。

让我们想象另外一个场景——一只蚂蚁在篮球表面爬行，它想要从球面上的 A 点直直地爬到 B 点，结果又会怎样呢？它会爬出一个“大圆”来！大圆的圆心就是篮球的球心，蚂蚁爬出的路线刚好可以把篮球分为两半。从理论上讲，大圆是球面上最大的圆，大圆的圆心与球心重合，半径与球的半径相等。倘若我们把地球假想为规则的正球体（当然，它实际上不是），那么，地球的赤道、本初子午线就是大圆，但南回归线不是，北极圈也不是。说句题外话吧——球面上永远都不会有两条平行的直线：事实上，球体上任意一对直线必然相交于两点，而这两点在球体上的位置刚好背靠背相对。

顺便解释一下：为什么“海里”与一般意义上的“里”不太相同？一般来说，“里”是以平面为基础的度量单位，用它来测量相对较短的距离是可靠的，但是用在远洋航行上就不行了。在海上沿着大圆航行，我们得用“度”来测量航程。一海里就是我们航行 1/60 度的距离。1/60 度被称为 1“分”。如果我们一小时航行了这么远，那么我们的航速就是 1 节（航速单位）。同样，球面三角学也是以度来测量球面三角形的边。所以，我们在平面三角学中学到的“长度”概念，主要用于平面测量，它在球面上就几乎起不到作用了。

球面三角形可以被定义为一个三边图形，但它的三边都是大圆弧上的线段。这样定义或许并不专业，但是讲得通。举例来说吧——假设你从英国伦敦飞到俄罗斯莫斯科，再从莫斯科飞到南非开普敦，再从开普敦飞回伦敦，你的飞行轨迹实际上就构成了一个球面三角形。我们把三座城市看作地球上的三点，那么，通过球面三角学就可以计算出从一个点到另一个点的距离，还可以计算出飞机从一个点拐向另一个点的角度。可见，球面三角学在导航领域作用巨大。

在天文学上也会用到球面三角学的知识。大家还记得儿时夜观星空的情形吧？在凉风习习的夜晚，我们抬头观测夜空，天空就像一个圆圆的穹顶，穹顶高高挂，星星眼睛眨，对吧？我们再把思维拓展一下，天空就是一个巨大无边、坚固无比的球体，从四面八方将地球密封其中。事实上，将天空想象为球体，这种思维方式极为实用，在观测天文现象、计算天文数据时都能帮上大忙。当然，天文学家会肯定地告诉我们，天空只是看起来是球形的。

在天文学上，天空这个球体是从内部来看的。无论是从外部看，还是从内部看，球面三角学具有同样的实用价值。以球面三角学来观测星空，此法实际上古已有之，至今还在沿用。它与我们在学校学到的平面三角形知识一样，历史久远，值得敬重。

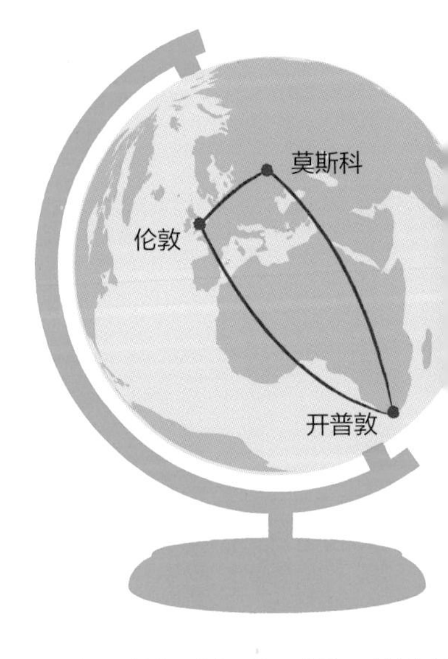

↑ 往返于伦敦、莫斯科和开普敦三座城市之
直达航线，从本质上讲构成了一个球面三

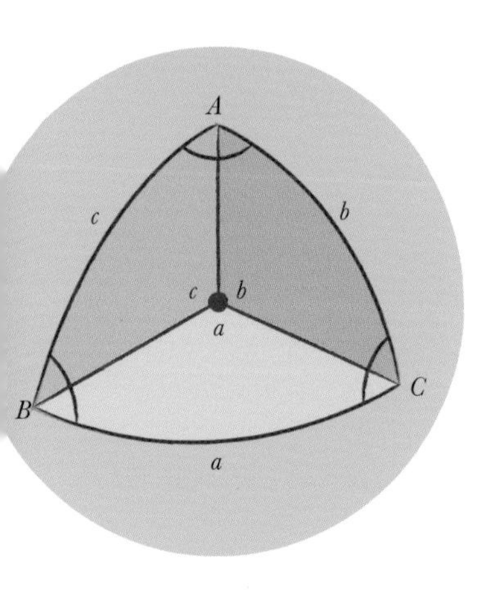

为了便利起见，球面三角形用角度来表示边长。

本节讨论的方程，可用来计算球面三角形的球面角盈。什么是球面角盈？它是球面三角形三角之和超出 180° 的部分。前文提到，通常我们使用弧度以方便计算。球面曲率是正数（参见第 40 页），所以球面角盈总是正数——是的，即使是从球体内部来计算，球面角盈也是正数。可别忘了，我们可以将任何球体都想象成是玻璃制成的，画在上面的三角形从内或从外看都可以。无论我们从哪个视角看，几何图形都是不会发生改变的！另一方面，如果曲率为负数，那么，凹陷曲面三角形的三角之和小于 180°，这被称为角度缺陷，但在生活中并不十分常见。

一个无须争辩的事实是：球面三角形具有与平面三角形完全不同的特性。人们正是凭借着了解、把握了这个事实，才得以设计出精美的产品外观或装饰花纹。最普通的例子是足球。拿一个传统的标准足球来说，人们设计的足球外壳通常由 32 块皮革制成，皮革分为黑白两色，其中 12 块为黑色的五边形，20 块为白色的六边形。如果你再仔细观察，就会发现这些五边形、六边形皮革都有极其规则的形状，即它们的边、角都是相等的——当然，它们是紧密缝合在一起的。可是这些规则的五边形、六边形，却不能在一张纸上紧密地拼接起来。为什么呢？以平面上任意一点为顶点的角度之和必须为 360°，所以，五边形、六边形在纸上多出来的角度，将使构成足球的皮革无法达到无缝拼接。但是在球面上，球面角盈可以挤出更多空间，从而将这些皮革的边边角角都严密地缝合在一起。

另一个例子是圆顶上的建筑装饰。阿拉伯世界尤其喜欢用抽象的几何图形来装饰建筑物的穹顶。早在 10 世纪，阿拉伯人用多边形图案为穹顶“贴砖”的技术，就已经十分先进了。阿拉伯学者阿布 · 瓦发（Abul Wafa,

940—998）在其著作中系统地记录了相关的技术。当然，由于球面角盈的原因，圆顶装饰花纹在平面上是绝对画不出来的。

总结

量度球面三角形与量度平面三角形完全不同。我们在学校里学到的三角学知识，不能被当作绝对的真理。

交比

投影会扭曲实物的长度、方向和比例，但交比始终保持不变。

实物的长度比　　图像的长度比

$$\frac{AC}{CB} \Big/ \frac{AD}{DB} = \frac{AC'}{CB'} \Big/ \frac{AD'}{DB'}$$

1. 交比的内容

生活中总有一些我们习以为常的事情，藏着人们未思考过的秘密。我们可以说自己生活在一个三维世界，普通几何学的应用已经渗透到了生活的许多角落。我们也可以说自己生活在一个球面世界，有时候需要依靠特殊的几何学知识才能解决问题。我们还可以说自己生活在一个投影世界，我们总是把三维的事物，无论是真实的抑或是想象的，都化为二维图像；为了描述一张照片、一段录像，我们又把生活空间压平。我们放眼四周，目光所及，尽是世界之物象，同时我们又生产娱乐影像、广告影像。但是，我们或许未曾思考过二维图像与三维空间、三维物体的关系。——这正是射影几何学所涵盖的内容，而交比则是射影几何学在射影平面内引

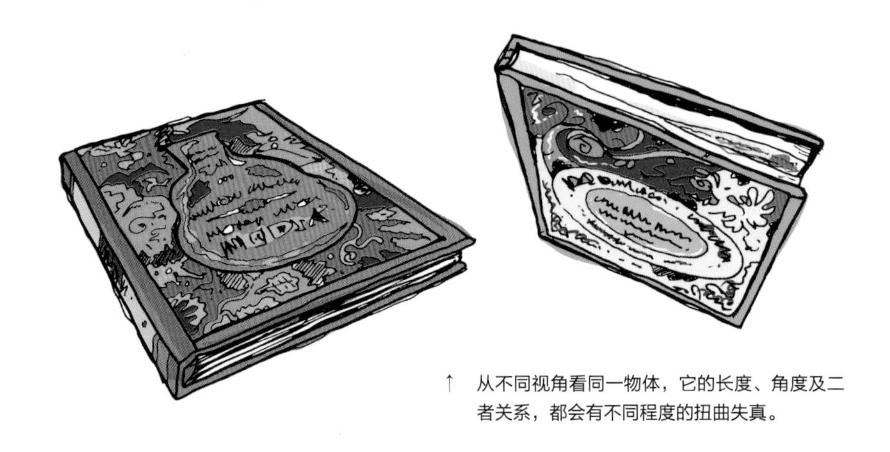

↑ 从不同视角看同一物体，它的长度、角度及二者关系，都会有不同程度的扭曲失真。

入的关键概念。

即使仅凭经验，我们也知道照片中许多事物都存在失真。譬如说，为一本精美的图书拍照，我们可以把它拍得看起来高大一点或矮小一点；也可以把原本为 90° 的书角，拍成锐角或钝角。因此，在照片里看到的物体的长度与角度，决不可认为就是物体真实的长度与角度。事实上，我们总可以找到一个视点，能够把现实生活中的三角图形拍成我们想要的模样，这至少在理论上是行得通的，这也是我们中学几何老师讲过的。

糟糕的是，我们甚至不能相信拍摄对象的比例。拍摄对象的各个组成部分或它与其他物体之间的比例，在照片里也会发生改变。比如，在拍摄人像时，如果一个人的双臂比身体其他部位离相机镜头近得多，那么，他在照片里就会显得比例失调了。说了这么多，或许你会问：在投影世界里，还有什么保持不变吗？有！交比始终不变。

2. 交比的重要性

老话说：相机从不撒谎。但事实果真如此吗？我们心中存疑。尽管如此，我们还是首选照片作为科学研究和司法实践的证据。比如，警察采用自动相机来抓拍超速的驾驶员，调取监控录像来识别犯罪嫌疑人的体貌特征，拍摄现场照片来确定人员或物体的位置，等等。

我们需要了解的是，警方为取证而进行的二维图像分析，常常需要借助射影几何学。交比在射影几何理论中具有特殊的实用价值，它反映了图像与现实的关系，而照片的其他品质完全体现不了这种关系。

下图为意大利著名画家卡拉瓦乔（Michelangelo Merisi da Caravaggio，1571—1610）的名画《鲁特琴师》（*The Lute Player*）。画家通过透视法改变了鲁特琴的实物比例，但它看起来是正常的，秘密在于它的交比保持不变。

交比不变性原理已经从射影几何学拓展应用到了许多与光学有关的技术领域，包括一些综合性前沿学科，如计算机视觉与图像自动识别。计算机科学家们一直在研究如何基于交比不变性来解决复杂的问题，如人脸识别、从二维图像重建三维形状等。当然，射影几何学在自然科学研究领域，包括天文学中，同样获得了广泛的应用。

上面提到了从二维图像重建三维形状的研究，但更为有趣的是，我们还可以根据交比不变性原理，将想象中的 3D 世界搬到 2D 平面上来！从本质上讲，将三维图形转换成二维图形的技术流程，与制作 3D 电影、电子游戏的技术流程一样——用计算机来建构想象的 3D 模型，借助射影几何学来寻找一个视点，通过那个视点将 3D 模型表述为二维图形。一旦二维图形被映射到屏幕上，我们就可以看到惟妙惟肖的 3D 形象和令人耳目一新的特技效果。因此，在 CGI（电脑成像）研发人员眼里，那个神奇的视点好比一台“相机”，可以在想象的实体对象面前或虚拟的空间里自由地移动。当然，世界上没有那么神奇的“相机”，真正帮助我们完成了那些抽象工作的是几何学。

3. 拓展内容

入门类绘画书籍通常告诉我们，一般情况下成年男性的头长与身高的比例大约是 1∶7，其中从他的脚跟到肚脐的高度大约是 4.5 倍头长。让我们以此为例，来计算一下成年男性的交比。

首先，我们从脚跟（站在地面上）开始标记身体各个部位：他的脚跟记为 A，表述为从地面算起 0 倍头长；他的肚脐记为 B，表述为从地面算起 4.5 倍头长；他的下颚记为 C，表述为从地面算起 7 倍头长；他的头顶记为 D，表述为从地面算起 8 倍头长。

接下来，我们计算四个长度：AC，CB，AD 和 DB。AC 为从地面到下颚的距离，所以，$AC = 7$；CB 表示从下颚到肚脐的距离，即 2.5 倍头长，但由于这个距离是从上向下的，所以，我们设定 $CB = -2.5$；AD 是净身高，为 8 倍头长，所以，$AD = 8$；最后是 DB，它是从下颚向下到肚脐的距离，所以，$DB = -3.5$。将这些数据导入本节讨论的公式，即：

$$\frac{AC}{CB} / \frac{AD}{DB} = \frac{7}{-2.5} / \frac{8}{-3.5}$$

$$\approx -2.8/-2.29 \approx 1.22$$

假设我们为上例中的男性拍照，那么，无论相机在他前后左右什么位置，无论他面对相机处在什么角度，也无论我们使用什么计量单位，厘米也好，英尺也罢，我们算出来的结果始终是一样的。

也就是说，若以 AB' 表示 AB 的扭曲长度，那么，方程右边的式子告诉我们，扭曲长度的交比等于原来长度的交比。比如说，从上向下俯拍人像，照片里的人像会出现身体比例失调；但是，他的交比不变，否则，他在照片里就会看起来十分怪异。哈哈镜里的人像发生了严重的变形，实质上就是改变了交比。

物体的比例与它的尺寸大小或计量单位毫无关系：假设我的头长与身高的比为 1∶3——当然这是不可能的——那么，无论采用什么计量单位，我的头长与身高的比就是 1∶3！我们说的计量单位，可以是厘米、英寸，也可以是古埃及皇家钦定腕尺——一腕尺大约等于 0.52 米。按照我的身体比例制作的人偶也要保持上述比例。

交比是比率的比率或者“比例的比例”，所以，它具有

← 透视绘画最难的是按照透视法缩短描绘对象
上图中人物伸出来的手臂其实很难刻画。

同样的属性。能够简要地说明交比的生活实例——对，是我们自己的影子！夜里站在路灯之下，我们的影子是拉长了的，但是，影子里身体的比例，与我们实际的身体比例是完全一样的——这就是所谓的交比不变性。

要理解何为投影，我们可以想象一幅直观图像——假设三维空间里有一个特殊的点，称为“原点”，我们可以假想它就是“视点”，就是我们在三维空间里放置眼睛的位置。如果想看见三维空间里的一个点，必须得有光线从此点射出，并把此点映射在我们的眼球上，形成射影点。由于光线通常沿直线传播，所以，我们又可以将射影点想象为通过原点且长度无限的直线。

投影可以被认为是一个平面，像一张纸那样的平面，在三维空间某个位置上这就是图像。对于任何三维世界中可以画出来的物体，可以在它的每个点与视点之间画直线，直线穿过画纸的地方就会形成一个点——这正是透视绘画的成像原理。大家听说过文艺复兴时期的德国画家阿尔布雷希特·丢勒（Albrecht Dürer，1471—1528）吧？他的很多传世画作，都可以很好地解释透视原理。

三维物体如何成像呢？我们还是通过想象来讲解——假设我们在三维空间里悬挂一支铅笔，再把上面提到的投影面置于铅笔和视点之间；再用想象的光线，将铅笔与视点用直线相连，那么，在中间的投影面上就可以画出图像了。在此情形下的投影变换，其实可以理解为移动投影面——把投影面左右移动或上下翻转。

我们可以想象一下，随着投影面的移动或翻转，铅笔会怎样画画呢？在铅笔与视点之间，光线有长有短，铅笔画的直线也就有长有短，所以，那只悬在空间里的铅笔，看起来就像一会儿在变长，一会儿在变短，但实际上铅笔的长度不可能发生变化。所以说，投影后线段的长度比在投影变换中保持不变。

假设我们将想象的那只铅笔换成假想的人像，那么，我们需要解决的问题其实是一样的——我们可以通过他的影像来计算他的交比。通过影像计算出来的交比，与测量真人得出的交比应该是一样的。因此，如果有人拿监控照片来指证你，那么，照片里人像的交比，应该与你的实际交比一样，或者，与其他照片里你的交比一样，否则，那就不是你。

总结

我们看到的一直是三维物体的二维投影。在诸多投影不变的参数中，这个鲜为人知的交比，是我们最容易理解的不变量。

德摩根定律

德摩根定律是关于逻辑规律的一对基本法则，也是计算机逻辑设计的基础。

非（P且Q）　（非P）或（非Q）

$$\neg(P \wedge Q) = (\neg P) \vee (\neg Q)$$

$$\neg(P \vee Q) = (\neg P) \wedge (\neg Q)$$

非（P或Q）　（非P）且（非Q）

1. 德摩根定律的内容

计算机的“心脏”是中央处理器，中央处理器的心脏是运算单元，运算单元的功能是进行逻辑运算。如何区分现代可编程计算机与老式计算机呢？主要是看计算机能否实现逻辑运算。19世纪生产的老式计算机，只能实现算术运算，可做的事情十分有限。用程序控制的现代计算机则变成了多面手：记账、写小说、编辑影片、模拟复杂物理系统……几乎样样都会，无所不能。但我们应该知道的是，计算机之所以拥有超乎想象的强大功能，原因在于人类赋予了它超乎想象的逻辑能力。

德摩根定律以英国数学家、逻辑学家德摩根（Augustus De Morgan，1806—1871）的名字命名，是一对关于逻辑规律的基本法则，简洁有效地揭示了两种逻辑关系。我们用日常语言可以把它简洁地表述如下：

第一条法则：如果“它是鸟且它会飞”为假命题，那么，“它不是鸟或它不会飞”也是假命题。

第二条法则：如果“它是鸟或它会飞”为假命题，那么，“它不是鸟且它不会飞”也是假命题。

或许，我们想象不到计算机科学解决问题的路径有多么直截了当——在计算机科学家眼里，德摩根定律告诉我们：用“且”连接的语句与用“或”连接的语句表达的意思在某种意义上“等价”——这为实现“且”与“或”之间的转换提供了便捷而实用的方法。

它是鸟吗？它会飞吗？德摩根定律让我们可以用简单的语言来重新阐释有关企鹅、河马的逻辑命题。

P且Q

非(P且Q)

非(P或Q)

2. 德摩根定律的重要性

乍一看，我们这里谈及的逻辑问题并没有那么令人印象深刻，德摩根定律的两条法则揭示的逻辑关系是显而易见的。但更为显而易见的是，我们可以将其编码并蚀刻到极小的硅片上数百万次甚至上亿次，这些硅片最终成为给我们带来各种娱乐和便利的技术和设备，其中包括医疗设备、消费电子品、工业工具和武器系统——凡此种种，有些是令人惊奇的技术奇迹，有些则是令人讨厌的技术产品。编码过程中用到的是形式逻辑知识，而形式逻辑似乎可以把人类的常识和推理能力教给一块岩石！——当然，准确地说，是教给硅制成的计算机芯片。

早在 18 世纪，德国哲学家、数学家莱布尼茨就提出了建造思维机器的伟大构想。但是，我们首先需要将逻辑思维形式化，然后才有可能制造出具有实用性的通用计算机。所以，在经过了漫长的等待之后，这一创想才最终成为现实。

也有人说，人类对逻辑的探索，始于亚里士多德。到了中世纪，阿拉伯和欧洲的先哲们重拾亚里士多德的逻辑研究，并取得了一定的成绩。在后来的岁月里，人类一直以逻辑学为武器，试图解决许多悬而未决的问题和争论不休的哲学论辩，但直到 19 世纪才取得了突飞猛进的发展。可以说，倘若没有这些巨大的成就，就不可能发明我们今天所熟知的现代计算机。

19 世纪是计算机科学发展最为辉煌的历史时期之一，其中，德摩根提出的逻辑法则堪称这一时期的决定性成果，其他成果也同样具有重要意义——19 世纪中期，英国发明家查尔斯·巴贝奇（Charles Babbage，1792—1871）和英国著名诗人拜伦之女、计算机程序之母阿达·洛芙莱斯（Ada Lovelace，1815—1852）在计算器研制上取得了实质性的成果，

↑ 早期计算机使用的逻辑元件是电子管。

数据库依靠逻辑与集合论的关系来处理数据。右图中四组图形重叠情形分别代表与、或、异或、与非四种逻辑关系。

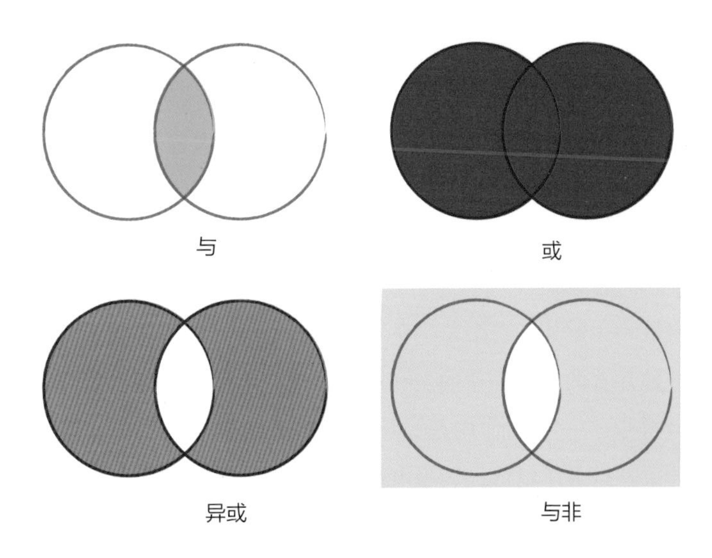

巴贝奇发明了“分析机”，阿达则成功地编写出了世界上第一套算法。第二次世界大战期间，巴贝奇的研究再度引起了科学家们的巨大兴趣，同时期英国的密码破译专家成功地破译了敌人的密码，而美国 IBM 公司的工程师则研制出了世界上第一台通用型计算机 MARK-I。通过 MARK-I，美籍匈牙利数学家、计算机科学家、物理学家冯·诺依曼（John von Neumann，1903—1957）模拟了核爆炸，极大地推进了美国研制原子弹的曼哈顿计划。“二战”后，英国数学家、逻辑学家艾伦·图灵（Alan Turing，1912—1954）的研究为现代计算机的逻辑工作方式奠定了坚实的基础，而他运用的最重要的理论正是形式逻辑。

3. 扩展内容

德摩根定律讨论的逻辑属于所谓的命题逻辑，其中，每一个大写字母都代表了某种命题，或真，或假。事实上，命题逻辑有一个重要的假设，那就是，即使不知道作为命题陈述内容的事实是真是假，命题真值也只能取两个值：真或假；不能同时为真，也不能同时为假。

在计算机逻辑电路上，命题的真假用电流通过或不通过某个点来表示：通过为真，不通过为假，并以逻辑“非”的符号“¬”来表示逻辑状态从真到假或从假到真的转换。怎样理解逻辑符号“¬”的作用呢？让我们想象一个情景——假如戴着眼罩走进房间，我们就不知道房间里的电灯是开着的还是关着的。在此情形下，电灯开关的作用与逻辑符号“¬”的作用是一样的：如果电灯是关着的，按下开关就打开了电灯；如果电灯是开着的，按下开关就关掉了电灯。

通过使用所谓的逻辑连接词“∨”和“∧”，我们可以把基本命题变成复合命题。“∨”和“∧”这些逻辑连接词可以被想象为接线盒——也就是计算机的逻辑门——进去两根电线，出来一根电线。第一个接线盒表示：两根电线中只要有一根带电，接线盒就输出电流。用日常语言我们称此逻辑关系为“或”，当然，我们也不要忘了，它同时包括逻辑关系“且”。逻辑学家喜欢用“是”“否”来判断命题的真假——即使是问“你的孩子是男孩或女孩”，他也会可爱地回答“是”！

第二个接线盒表示：只有两根电线都带电，接线盒才能输出电流。逻辑学家和普通人都倾向于将此逻辑关系称为“且”。德摩根定律中的等式意味着，无论大写字母 P、Q 代表的命题是真是假，等式两边式子的复合命题必须等价：同为真；或者，同为假。

用成千上万的逻辑门，就可以造出各种各样的计算机逻辑结构。实际上，计算机芯片就是这样造出来的：每块芯片上都有许许多多可以重新配置的工具，每个工具又由许许多计算机电路简易图示：计算机电路是由与门（圆头），或门（尖头）和非门（小三角形）构成。想一想：x 与 y 应该取什么值，才能使输出的值为 0？

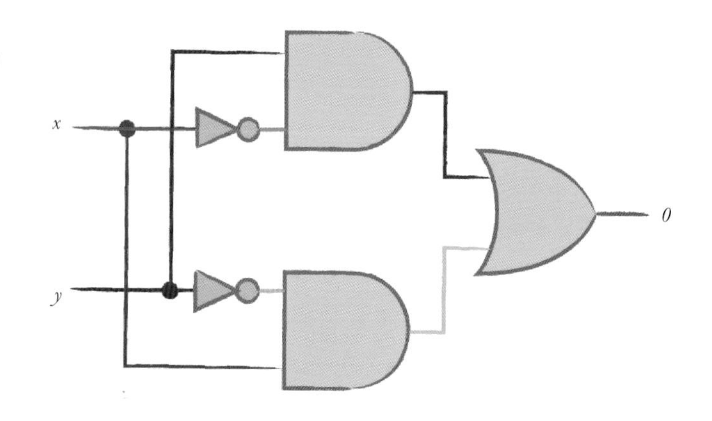

多的逻辑门构成，每一道逻辑门又类似于我们在日常生活中见到的建筑工具包。

顺便说一下，计算机采用二进制。每个数要么是 1，要么是 0，进位规则是“逢二进一”，借位规则是“借一当二”，所以，37 这个数在二进制中就是 100101。

二进制中的 1 和 0 两个数码，可以置入逻辑门中表示逻辑命题的“真”或“假”。如此一来，即便是一次最小规模的数字运算，也需要大量逻辑门的精准运行。尽管逻辑门本身并不懂什么是数字、什么是算法，但它们可以完成运算是事实。这个事实告诉我们，上述以 1 和 0 表示命题“真”或“假”的方法具有极强的灵活性。此外，无论是为了理论分析的便利，还是为了减小逻辑门在每块芯片上占用的实际空间，德摩根定律都可以用来简化这些复杂的逻辑设置。

不同逻辑门提供不同的便利，但计算机实际上并不需要用到全部的逻辑关系概念。比如，我们可以让与门、非门、或门三种逻辑门在计算机中以“与非门”一种形式存在，也就是用“与非”来缩写“与”“非”两种逻辑关系。因此，从逻辑上讲，如果命题 P 与命题 Q 是“与非”逻辑关系，那么，“P 与非 Q” 就等价于：

$$\neg(P \wedge Q)$$

所以，如果你有兴趣的话，可以试着从命题“P 与非 P”来推演 $\neg P$：命题为真，当且仅当 P 为假；命题为假，当且仅当 P 为真。与此类似，我们可以说，P 且 Q 等价于（P 与非 Q）与非（P 与非 Q）；P 或 Q 等价于（P 与非 P）与非（Q 与非 Q）——对于普通读者而言，这样的表述真是不友好啊——读起来费劲，理解起来困难，但这些具有对称性的表述，则要归功于德摩根定律。

德摩根定律的另一种表述方式是使用集合论的术语，将命题和逻辑连接词替换为集合、元素和关系等基本概念。集合论在数学中占有重要的地位，虽然是纯数学语言，在计算机领域却有许多实际应用。其中最易懂的例子是关系数据库，它就是借助集合论来描述和处理数据库数据的。

无独有偶，集合论在搜索算法中同样具有核心作用。我们知道，有些搜索引擎是允许用户使用逻辑表达式的。但事实上，那些搜索网站会在后台将用户的逻辑表达式转换为集合论的概念与方法。

总之，德摩根定律不仅在纯逻辑层面具有重要意义，而且在关系数据库、搜索引擎等领域也有广泛的应用。

总结

与、或、非——三个连小学生都认识的字，似乎就可以描述基本的逻辑关系了。德摩根定律以简洁、对称的方式将这三个字组合了起来。

纠错码

从电报到探测火星的“水手计划”，再到数字媒体与数字通信……如果没有纠错码，我们将会迷失在信道噪声的汪洋大海中。

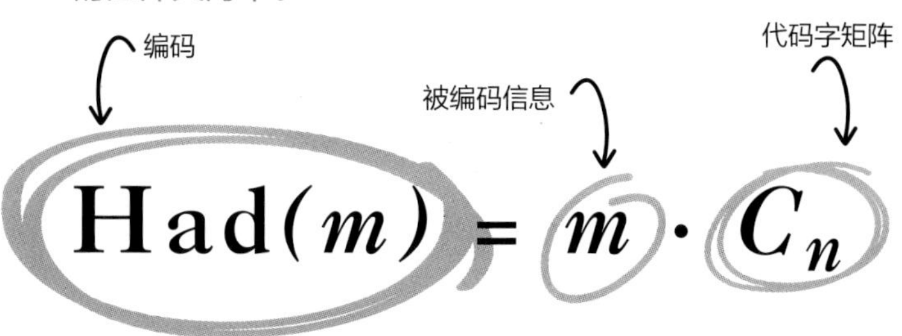

信息在传送过程中有时会受到不同程度的损毁。即便如此，我们总是希望能够正确地译出信息来。

1. 纠错码的内容

自从人类建立复杂社会以来，就一直有远距离传送信息的需求。但人类历史上的信息传送方式，在很长时间里都是不可靠的。通过人（通常是多人）传信，发信者总是希望信件到达目的地之后，还是出发时的样子，但是送信的漫漫长路充满了危险：跨江过河的船沉了啊，商队遭到了土匪打劫啊，信使贪财失职啊……一封信是否送达竟无从知晓，甚至有可能一发出就已经“杳无音信”。

机械传递信息改善了人工传递的不足，但还是不能避免传递错误。即使是最简单的船舶灯光信号，也有难以预料的因素，比如能见度太低，收发信号的船员间有误解，都会对信息传递带来干扰，产生“噪声”，最终或多或少都会造成信息的误解。有时候，就连普普通通的一句话，收信人也要费劲去猜测是什么意思。但是，如果信息只是一串数字，收

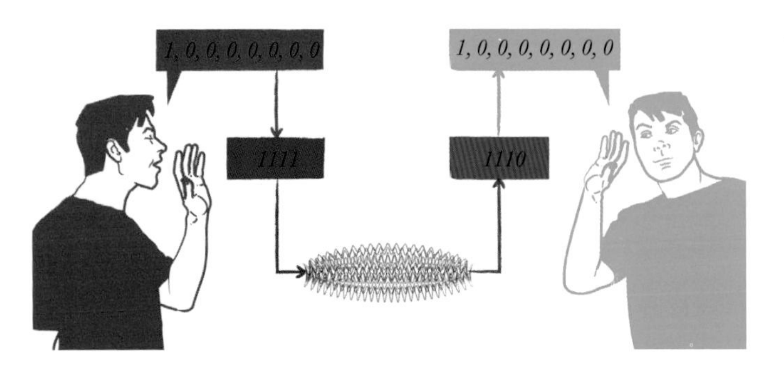

← 信息在传输中如遭损坏，一个单错检测码即
进行判定。使用单错纠错码时，可以对原始
信息作出一个合理的猜测，判断正确无误，
进行处理。

信人又该如何理解呢？如果收发信息的都是机器，比如计算机，那么收发信息的两端又该如何即时处理呢？

2. 纠错码的重要性

最简单的通信模型也涉及信息、发送者、接收者和信道。在真实的世界里，信道都有“噪声”。比如，发送信息的邮政系统、光纤电缆等，都有噪声，无一例外。信道噪声是信道的物理特性，轻则造成信号失真，重则使得通信无法正确而有效地进行。

通信需要纠错。但是，世上没有一个纠错方案是完美无瑕的。最坏的结果是错误地将发送者和接收者的信息彻底毁掉了。信息一旦被抹掉，再聪明的人也难以恢复。所以，若能想出什么办法，发送端可以在嘈杂的信道里发送信号，接收端又可以正确地重构信息，那就太好了！

我们也确实想出了一些办法——对于异常的信息错乱，最常见的解决办法是让发送端重发一次。可麻烦在于，我们可能根本就不知道自己接收的是错乱信息。还有另外一个办法：每条信息发两次——第一次发出的错乱信息在第二次发送时又什么问题都没有了，反之亦然，这种概率的确是存在

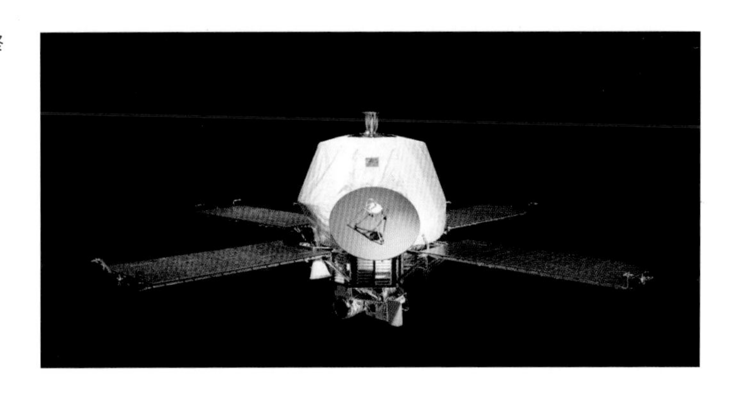

"水手 9 号"太空卫星用阿达马码纠错，最终向地球传回了高质量的火星地表图像。

的。但麻烦在于，如果两次信息确实存在差异，那么，哪一次的才是正确的呢？也有可能两次都是错的啊。

多次发送信息可以增加正确重构信息的概率，但这个办法会使信息长度翻倍，所以，它也不是完全可行的，尤其是在信道的带宽有限时，信息长度是不容忽视的问题。此外，我们还需要考虑通信效率。从噪声严重的信道重构信息，不是不可能，但需要付出的努力实在太大了。谁不想轻松、快速地纠正信息错误呢？谁又喜欢手忙脚乱的辛苦呢？

在 19 世纪和 20 世纪，通信技术快速发展，上述诸多问题变得越来越严重、越来越普遍。电子通信必须以快捷、经济的方式实现，所以，重复发送的办法越来越不切合实际。到了 21 世纪，尤其是在过去的十年里，移动数据的数量之多、增速之快，远远超出了我们的想象。用户并不知晓数据通信的发展现状，但又总是期望通信服务商能够做到极致——错误极少，速度极快，成本极低！现代数据通信是人类取得的非凡成就之一，它在很多方面的表现不仅没有让我们失望，还比我们期望的更优秀——很多时候，它的表现实在是太好了，甚至成了我们生活的一部分。

3. 扩展内容

1971 年 11 月 14 日，美国发射的太空探测卫星“水手 9 号”进入环火星轨道，开始拍摄火星地表照片。它把采集到的图像信息，通过编码转换为二元信息数据流，再以电波的形式发回地球。“水手 9 号”传递的信息跨越了几千万千米，受到了严重的噪声污染，但它传回的火星图像数量众多，像素极高，因此，火星的“美貌”引发了全世界的无限遐想。而“水手 9 号”之所以能够传回高质量的照片，全靠它采用了一种纠错码！

那么，这种功能强大的纠错码是怎样纠错的呢？假设我们需要传送的是一张 10×10 像素的数字图像：10×10 像素可以被编码为 100 个数字的数据流，接收端再将数据流按照每行 10 像素解码为 10 行，这下子就可以看见图像了。为了在嘈杂的信道里传送这些数据流信号，需要使用阿达马码——从阿达马矩阵产生的纠错码——“水手 9 号”采用的纠错码运用了类似的纠错原理。我们可以将颜色转换为二进制码，由数字 0 与数字 1 组成的 8 位字符串代表各种颜色。譬如（0，1，0，0，0，0，0，0）为蓝色，（0，0，0，0，1，0，0，0）为绿色，其他颜色码以此类推——这就是本节讨论的方程中 m 的所指：需要被编码信息。

接下来的第一件事就是选择合适的阿达马矩阵，它是数字 0 和 1 组成的一个特别方阵。我们需要处理的是 8 位数字，所以，我们选择 4×4 的阿达马矩阵（你很快就会明白其中的原因）：

$$H_4=\begin{pmatrix}1&1&1&1\\1&0&1&0\\1&1&0&0\\1&0&0&1\end{pmatrix}$$

下一步，为此矩阵复制一个副本，即将上面 H_4 矩阵中所有的 0 改为 1，所有的 1 改为 0，再将两个矩阵叠在一起，可得：

$$C_4=\begin{pmatrix}1&1&1&1\\1&0&1&0\\1&1&0&0\\1&0&0&1\\0&0&0&0\\0&1&0&1\\0&0&1&1\\0&1&1&0\end{pmatrix}$$

用代表每种颜色的二进制码乘以这个 C_4 矩阵，就可以为每种颜色编码了。这样的定义可以保证矩阵中每一行数字代表一种颜色，比如，第二行（1，0，1，0）代表蓝色，第三行代表红色，等等。需要特别注意的是，矩阵中每两行至少有两个数字不同，这意味着什么呢？这意味着两种颜色混淆时，比如将绿色混了洋红色的话，会使矩阵中第三行的数字位置和第四行的数字位置颠倒，也就是出现了两个错误。

如果接收到的像素码是（1，0，0，0），但矩阵中并没有这行数字，那么，接收端是不能解码的，因为它的起始码可能是任何一种颜色码，它也可能是一种最极端的情况，那就是，四个数字都是错的！——即使我们假定其中只有一个错误，阿达马码也不能分辨出（1，0，0，0）的起始码，究竟是第二个位置出错（1,1,0,0），还是第三个位置出错（1，0，1，0），抑或是第四个位置出错（1，0，0，1）？

所以，阿达马码可以识别接收端出现了差错，但不能自动纠错。尽管如此，识别差错本身就具有极高的实用价值。前面说过，世上没有一个纠错方案是完美无瑕的，所以，我们能做的，就是在接收端尽可能地正确译出原始信息。我们收到的有效代码字，有可能恰好是一系列巧合造成的差错，所以，我们唯有希望通过发送信息的语境识别差错。但有些类型的信息是可以根据语境发现其中差错的，有些则不能。

这个纠错方案可以通过更大的阿达马矩阵来扩展其应用场景。在这里，我们就不再详述如何扩展了，但可以肯定地告诉大家，只要干扰像素有效传送的差错数量有限，我们就一定能够找到并改正它们！即便代码字出错位置有 4 个，但对于每一个差错而言，总有一个代码字比其他的更接近于原始信息，所以，如果我们猜想差错只有一个的话，就用最接近的那个代码字去纠错好了。

如此纠错产生的结果是我们的信息变得越来越长了。此外，我们也无法确定识别出了全部的差错以及纠正行为都是对的。不过，在通信噪声量已知的前提下，我们所能做的，也就是尽可能地去纠错了。

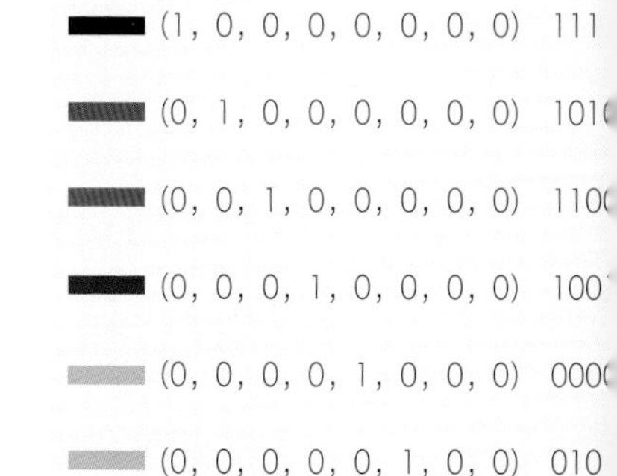

↑ 图中共有 8 种颜色，它们的初始码犹如一个量场，用这个矢量场乘以 C_4 矩阵，即为阿马码编码。

总结

只有用正确的方式编码信息，接收者才有可能识别信息是否被窜改，才有可能纠正传送过程中导致的差错。

信息论

一个常见的基本方程，却是现代计算机科学的基石。

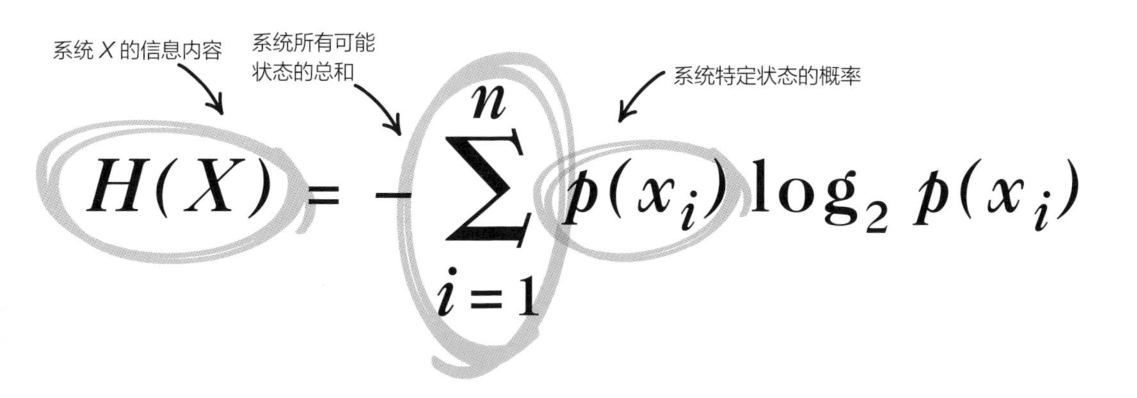

$$H(X) = -\sum_{i=1}^{n} p(x_i)\log_2 p(x_i)$$

1. 信息论的内容

存储数字图像最常见的办法是什么？是将每一个像素点的颜色一行行、一列列地排列成位图。在这种格式下，一张 32 × 32 像素的图像就分成了 1024 个栅格的信息，每个信息栅格独自代表一个像素点。然而，令人吃惊的是，现代图像格式可以将这样的图像压缩，压缩后的图像尺寸极小，却不会损害图像质量。

图中简单的房子图形如果被存为位图格式，一个像素点对应一个栅格，共需占用 64 字节。但互联网上存储空间是稀缺资源，所以，我们应当做得更好。

大家看一下左边的位图图示，黑白相间的栅格看似一座房子，想必是大多数网络用户都比较熟悉的吧？我们用 0 代表白色，用 1 代表黑色。那么，它的图像信息可以被表述为：

00011000
00111100
01111110

11111111
01111110
01100110
01100110
01100110

↑ 并非所有的压缩形式都是无损的：JPEG 格式
过丢掉部分信息来压缩文件，也就损失了部
图像细节。

请注意，图中第四行有八个黑色栅格——我们（或者说计算机软件）读取时，一定要说八次黑色、黑色……吗？难道不能说“八格黑色”吗？或者，我们可以把黑色的八个数据表述为两个吗？大家再仔细地看一下倒数三行，它们的黑白方格排列相同，我们需要一格一格地读取呢，还是说三次 01100110 呢？

上述的诸多问题，涉及如何以最经济的方式读取图像信息，这也是蓝波-立夫-卫曲（LZW）压缩算法背后的基本思想。LZW 压缩算法是计算机软件压缩 GIF 格式图像、PNG 格式图像的标准方法，也用于非图像格式的 ZIP 压缩和 PDF 文档压缩。LZW 压缩编码似乎创造了无损压缩技术的奇迹——它可以使用比原图更少的数据来传输相同的图片！信息论便是开启这扇神奇大门的金钥匙。

2. 信息论的重要性

思科公司（Cisco）曾经预言，2000—2010 年，互联网将实现十年流量增长 300 倍。虽然这个预言已成往事，但是不要忘了，互联网在 2000 年并不是刚刚起步，而是迎来了所谓“.com”网络热潮的高光时刻。那个时候，我们大都已经是互联网用户了，用互联网办公，用互联网休闲，随时随地下载音乐，网上购物，收发邮件，还在形形色色的论坛上进行一些徒劳无益的争论……时至今日，我们通过宽带网可以欣赏流媒体电影电视，通过互联网可以在数秒之内将海量的数据传遍五大洲。

互联网的一切便利都需要存储空间的强力支撑。如果你自己处理过原始音频或视频、高分辨率照片等，你就知道它们特别挤占电脑空间，更何况是互联网数据传输！所以，互联网上的许多普通文件也采用压缩格式。

有些压缩编码是“有损”的。大家熟悉的 MP3，就是“有损”的音频压缩编码，这意味着压缩文件会“丢掉”一些原始音频。因为我们还不能反向重构原始音频，所以，数据质量就永久性地降低了。还有一些压缩算法，如 LZW 编码，则是“无损”的，不仅不会损伤数据质量，还可以更紧凑地将数据压缩得更小。

信息论可以帮助我们弄清并量化在不同的压缩算法下，有哪些信息保留了下来，又有哪些信息丢掉了。20 世纪 40

年代，美国数学家克劳德·艾尔伍德·香农（Claude Elwood Shannon，1916—2001）提出了信息论。当然，在此之前的几十年里，已有一些研究成果接近于他的理论了。信息论是在贝尔实验室完成的。创立贝尔实验室的美国电话电报公司（AT&T）一度垄断了美国的电话市场，并在技术研发上投入了巨资。所以，贝尔实验室取得了许许多多重大的通信技术发明，包括香农创立的信息论。

除了互联网技术，信息论还被运用到神经科学、遗传学和其他学科领域。为此，早在1956年，香农本人就写过一篇文章，叫作《游行彩车》（*The Bardwagon*），劝诫研究人员慎用信息论，不要把它当作游行彩车去追赶超越研究范围的潮流。尽管如此，信息论真的应用广泛，卓有成效。

3. 扩展内容

香农的真知灼见源于细致入微的观察。他注意到一个关键性问题——信息量的大小并不是简单地数一数信息包含了多少字母、数字或符号。一个最明显的例子是重复信息，比如，火车站、机场、码头等公共场所播报的交通信息——有关火车、飞机、轮船的班次信息，即使播报两次，我们也没有获得两倍的信息量。重复并没有增加新信息，但在信息传递中起着重要作用，可以让我们核实信息内容的一致性（参见第92、93页）。

此外，“复杂”的字符串似乎包含了更多的信息。我们举例来说吧：假设第一条字符串为AABAAAABABBABBA，第二条字符串为ABABABABABABABAB。稍加比较就可以发现，第二条字符串的重复内容是可以简化的，但第一条字符串的字母序列没有规律可循——这就是LZW编码试图解决的问题了（它可以将第二条字符串压缩为“AB × 8”）。

DNA 是生命的遗传基础，决定了一个人的所有特征，但令人吃惊的是，DNA 在细胞中所占用的空间是极小的。

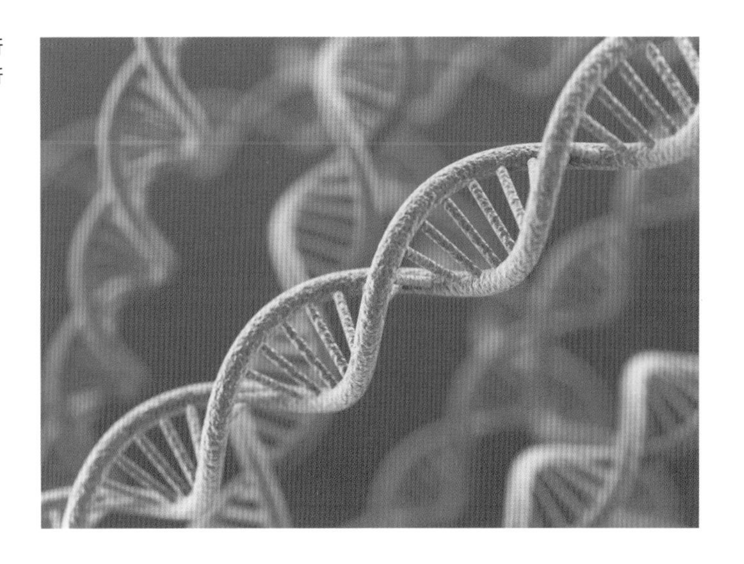

第一条字符串包含的信息，在一定程度上比第二条的量大，原因在于它的字母排序无法预测，难以用重复模式来描述。这表明，不可预测性可以作为信息的度量因子之一。生活中的极端情形是，如果我已经知晓了你要告诉我什么，你给我说的话就没有新的信息。如果我不知道你要说什么，我就会认真地倾听，你说的每一句话对我而言都是不可预测的，都是新信息。这样的情形表明，信息熵是衡量信息内容的好方法。低熵信息与高熵信息，哪一个更容易被压缩呢？当然是低熵信息，因为它的内容更少。

假设我们的信息由字符串组成，字符串的字符取自固定的“字符表”，可以是字母、数字、水果图形，或者别的什么东西，只要它们的数量有限，我们就可以把它们逐一分解出来。如一名博物学家观察到不同的动物后，用了下面的字符表来报告他的发现：

x_1 x_2 x_3 x_4 x_5

(*P*) 企鹅 (*B*) 北极熊 (O) 虎鲸 (*S*) 海豹 (*A*) 信天翁

过了一段时间，博物学家又报告了发现这些动物的概率：

$p(x_1)$ $p(x_2)$ $p(x_3)$ $p(x_4)$ $p(x_5)$

0.4 0.05 0.15 0.25 0.15

用香农公式即可计算以上信息的熵：用每条信息的概率乘以每条信息以2为底的对数，然后求和：

$$H=-\sum_{(i=1)}^{5} p(x_i)\log_2 p(x_i) \approx -2.07$$

*H*值即为信息量。随着可能的信号数量增多，*H*值就变为了一个更大的负数。由于概率分布越来越趋于均匀分布，所以，我们猜测出下一个信号内容的可能性会越来越小。根据香农-哈特利定律，尽管特定的信道会受到噪声的干扰和带宽的影响，但是，单位时间信道可传输的信息量总有一个最大理论值。这就意味着，即使是最聪明的压缩编码，也会有难以完成压缩任务的时候。因此，为了更快地传输信息，我们需要扩大信道容量，降低信道噪声。

香农信息定义极具专业性：它将信息精准地描述为确定性的增加，但它不一定符合我们日常生活中有关信息的定义。以收音机信号为例——收音机随机信号的熵很高。频率失谐的收音机只接收静态信号，我们听到的只有“嗞嗞”的噪声（白噪声），但是，根据香农信息定义，此时此刻在

第二章 身边的变革——抄

收音机信道里的信息量甚至比正常情况下还大。当然，对我们而言，没有失谐的频道才更有意义。我们如何来理解香农信息定义呢？一要理解可识别声音、图像等信息的重复性；二要理解在香农眼里，信息就是避免重复的模式。

科学概念与日常概念不同，可以说是生活中的常见情形，尤其是那些抽象地概括了生活经验的数学概念。科学概念通常是日常概念的升华，但在它的形成过程中，日常意义就已经改变了。科学概念新颖、精确地表达了我们熟知的日常概念，但我们应当特别小心，千万不要把它们记混和说岔了！

← 有的信息以压缩形式传递，或许才能达到最佳效果。

总结

将噪声之类的东西定量地描述为“信息”，这本身就是一个了不起的成就。信息论自诞生以来，就对计算机科学和通信技术等领域产生了巨大而深远的影响。

傅里叶变换

傅里叶变换是换个角度来理解函数的思想方法，也是实现数字媒体（及其他）技术的数学原理。

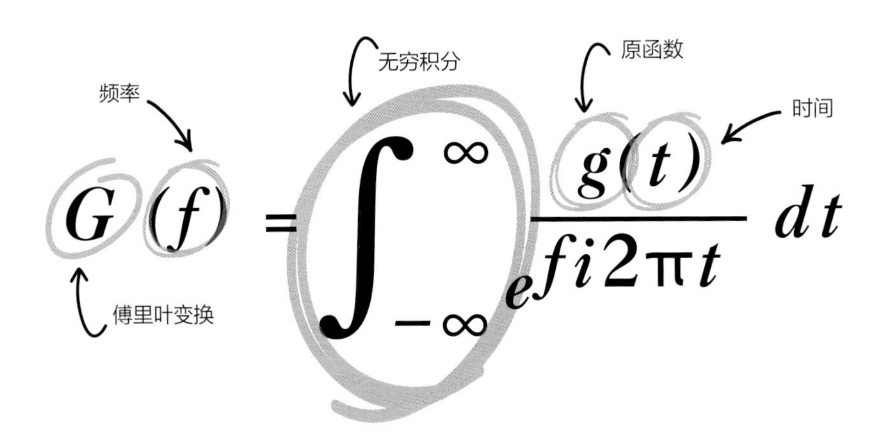

1. 傅里叶变换的内容

让·巴普蒂斯·约瑟夫·傅里叶（Baron Jean Baptiste Joseph Fourier，1768—1830）是一位曾经追随拿破仑军队远征埃及的法国数学家、物理学家。傅里叶变换的基本思想首先由傅里叶提出，所以，用他的名字来命名以示纪念。

傅里叶变换好比银行的兑换柜台，可以兑换数学函数。假设有一个函数 $g(t)$，它的计算超级复杂——打个比方来说吧：它好比你手里的一张钞票，面额巨大，大大小小的商家店铺根本无法找零，所以，你拿着钱却花不出去，怎么办呢？对了，到银行去兑换，前台柜员会高高兴兴地帮你换成零钱，一张大钞兑换一大袋子的硬币，一枚一枚的硬币用起

在傅里叶函数“兑换柜台”，可以将时间域的函数兑换为频率域的函数，反之亦然。

来就一点儿也不费事了，你爱怎么花就怎么花。如果最后碰巧没有花掉，那么，你还可以再把钱袋子扛回银行去，前台柜员又会把钞票兑换给你。

用专业一点的话来说，傅里叶变换可以将几乎所有的复杂函数表示成无穷多个简单函数的线性组合。在变换之后，这些函数几乎都一样简单，都是三角函数（正弦和余弦函数）（参见第 9 页）的和——换言之，无论原函数 $g(t)$ 看起来多么稀奇古怪，都可以用相同的工具来分解，将它变换为三角函数的线性组合。

再打个比方来说，傅里叶变换可以将异乎寻常的函数翻译为简单通用的语言。如此一来，我们就可以用大家都听得懂的话，与这些原本费解的函数对话、交流。当然，若有必要，还可以将读起来顺口的译文，再回译为看着就头大的原文。

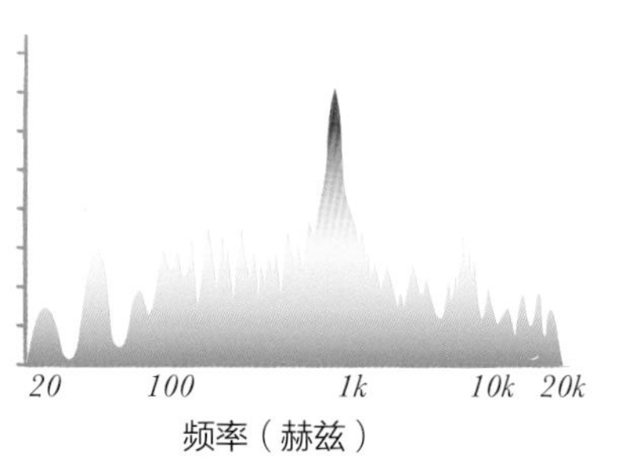

音乐可视化是傅里叶变换在频域的应用。音频工程师的频谱分析图看起来漂亮，用起来简捷。

2. 傅里叶变换的重要性

许多技术设备加工处理外部世界的给料，但我们知道，外部世界极其复杂。五花八门的给料可以用数学函数来描述，比如函数 $g(t)$。但是，我们真的无法事先就预测出函数 $g(t)$ 的样子来。若想建立数学系统来处理每一个可能的函数，简直比登天还难，而且，那样的系统在应用中也是不堪一击的，因为没有人可以猜对“每一个可能的函数”。比如，为了让各种各样的声波听起来是美妙动听的乐曲，一台 CD 播放器需要用的软件多到数不胜数，但无论它的功能有多强大，它仍然播放不了一些特别奇异的录音。

傅里叶变换将复杂的声波处理变得简单多了。无论声波信号是什么样子，有多么复杂，都可以转换为简单三角函数的无限和。各种各样的声波，CD 播放器的软件都可以用三角函数来处理，如有必要，还可以将结果再回译。通过巧妙地变换，原本复杂的计算变得简单、直接、有效。此外，在 20 世纪 60 年代发明的快速傅里叶变换（FFT）算法，还可以将所有的转换快速完成。

傅里叶分析最初登场的舞台，是弦振动方程，它的核心思想是通过三角函数组合来分析不同类型的弦振动。

从某种意义上讲，这样的思想堪称奇迹，影响深远，应用广泛。说实话，小提琴琴弦上下振动的方式多种多样，不同的振动模式产生不同的音阶，发现或想到这一点或许还不足为奇。但是，真的不是人人都可以发现或想到——用相同的方法来分析不同应用中的数据序列，尤其是分析没有重复规律，有时甚至是参差不齐的数据序列。

傅里叶做到了！傅里叶变换公式及其变体形式就是一种强大的数据处理工具。

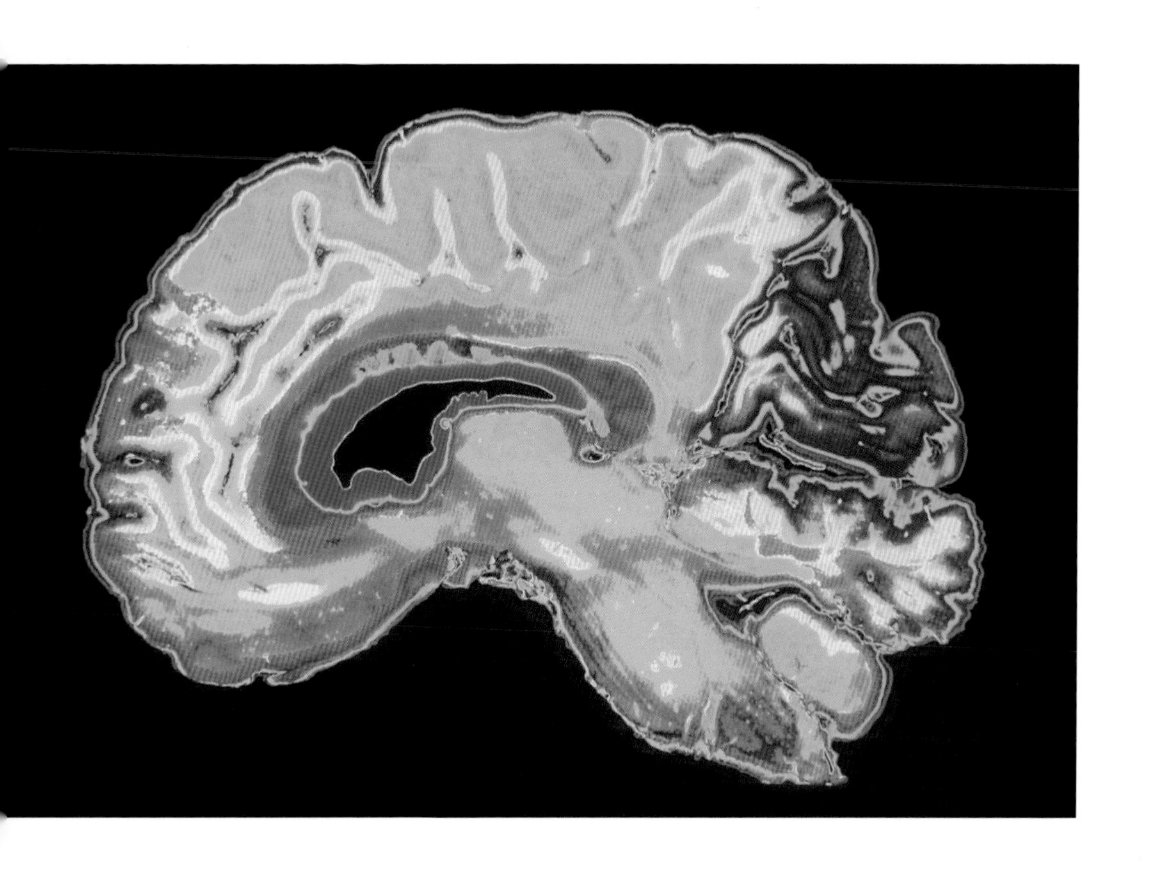

核磁共振成像（MRI）技术离不开傅里叶变换的应用。

3. 扩展内容

前面说过，傅里叶变换好比兑换函数的银行柜台，你把复杂难解的函数交给前台柜员，换得一大袋子的简单函数。请注意，真的是大袋子，它甚至可以是无限大的。针对我们需要的频率 f，我们可以从傅里叶变换后的函数 $G(f)$ 中找到频率对应的函数值。由于频率可以是任一数字，所以，我们需要从袋中选取几个简单函数，或者，我们需要选择几个简单函数值作为样本来准确地描述事物，这完全取决于我们的应用需求，换言之，取决于我们希望用这些数据来做什么。

下面，我们将傅里叶变换公式逐一分解，看看它的运算原理。公式右边式子的主要成分是一个分数，它将原函数 $g(t)$ 分解成了一些看似凌乱不堪的东西。我们侧重看看它的分母。分母的核心思想，其实是我们已经谈过的一个事实：

$$e^{it}=\cos t+i\sin t$$

组合了两个我们感兴趣的三角函数。数字 t，可以是任一的普通正数或负数，这其实对应了那些积分符号中外貌吓人的无穷大符号。

但是，傅里叶变换公式包含的内容稍微多一点儿。让我们在 e^{it} 中再添加一部分内容，将它变为：

$$e^{i2\pi t}$$

加入了 2π，意味着当 $t=0$ 时，这个部分的值刚好为 1；当 t 为整数时，这个部分的值又回到 $t=1$ 的值。这是我们把控全局的方法，也是与复杂函数对话的通用语言。下面，我们在其中再加入另一部分：

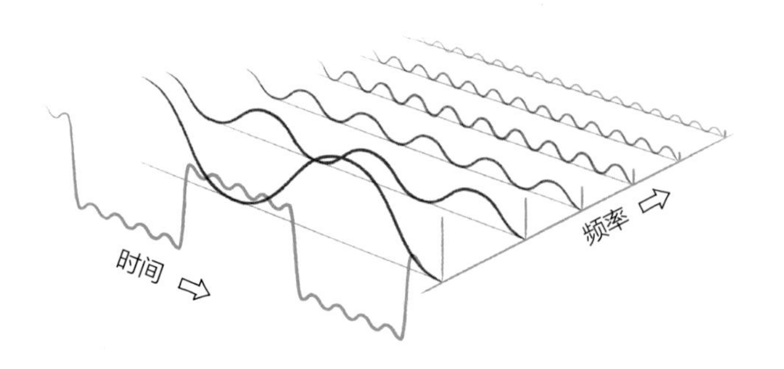

← 时间域的一条复杂波形，可以通过频率变换几条简单波形。

$$e^{fi2\pi t}$$

这里，我们引入了频率f，即前面说过的，当我们从大袋子里任取一个简单函数时，就是选择我们关心的频率f。而这个频率f，它将不同的简单函数彼此区分开来。

如此这般，我们就将以上所有部分组合在一起了——原函数被分解为正弦和余弦函数，并表示成一个具有周期性的振动函数。然后，我们可以将t的整个取值范围内对应的正、余弦函数值求和，得出的数值就是给定频率f处的傅里叶变换的值。

"等一等，"你或许会问，"将无限值加起来，得到一个有限值，意义何在？"问得好！前面强调过，$e^{fi2\pi t}$是具有周期性的函数，但它是基于有规律的基底来循环的。如果原函数$g(t)$展开成无穷级数，又会怎样呢？积分求和还会是一个无限值吗？

关于这两个问题，我们这样来回答——从某种程度上讲，我们是在用一组循环函数与原函数（正弦和余弦函数）相乘，它们的函数值正值和负值交替出现，这意味着正负相抵应该"净输出"为0，而唯一能够阻止净输出为0的成分，是原函数$g(t)$，而原函数正是傅里叶变换意欲描述的。

话说到这里，你可能已经发现了，傅里叶变换公式并不是一组新的函数组合，它不过是换了角度来观察、理解原函数罢了。原函数是以时间t为变量的，这再自然不过了：信号或数据随时间而传输给我们，我们再以某种方法加以储存或重构。或许，我们应该兴致盎然地来观察所有随时间变化的数学过程，因为这一过程正是我们用来了解世界的方法：若以时间为变量，则可以有效地观察、描述世间万物在时间长河里的千变万化。

前文提到，傅里叶变换可以给我们兑换一袋子的简单函数，那么，我们怎样把手伸进去选取那个我们关心的函数呢？嗯，进入袋中的那只手是频率，不是时间。袋子里那么多函数，它们处于无序状态，但频率通常又与原函数中的时间变量 t 一样，是排列有序的普通数字。

因此，从某种意义上讲，我们将时间换成了频率，相当于在装着函数的袋子上开了一扇小窗户，通过这个窗口，我们可以观察最初的那个数学对象。有些极度喜欢傅里叶变换的人甚至说，通过这个窗口，我们可以在“时域”与“频域”之间任意转换。或许，我们普通人在直观上更容易理解时域；但在数学家眼里，频域比时域更简单！

总结

傅里叶变换原本是为研究热传导与弦振动而生的，但时至今日，它已经位于微积分理论的核心了。

布莱克-斯科尔斯方程

布莱克-斯科尔斯方程不仅可以计算期权的理论价格，还筑起了以金融衍生品为基础的数字金融新天地。

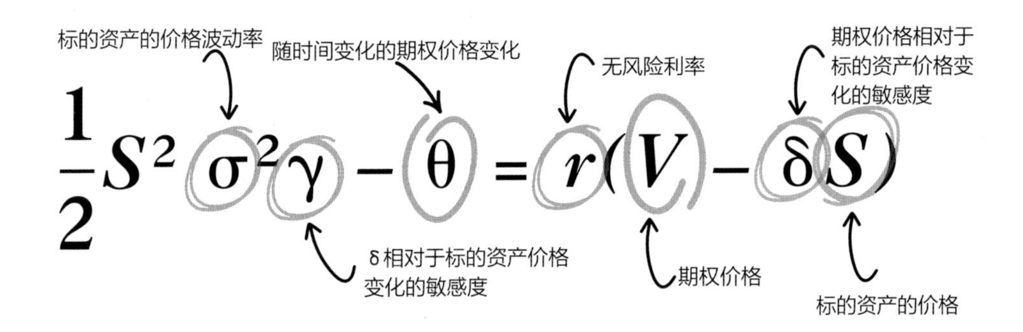

1. 布莱克-斯科尔斯方程的内容

在金融界，“期权”是指一种合约，它赋予你在未来某一特定日期以固定价格购进或售出一定数量特定资产的权利。期权可以转让，所以，当你不愿意继续持有某一期权时，你可以把它卖给他人，买方享有与你同样的权利。期权通常适用于金融资产。为了便于理解，我们用具体的例子来说明——假设你有权经销二手车，你以一定的价格购进二手车，你的目的当然是赚钱，所以，你希望能以更高的价格再把车卖出去。但是，如果买车的人愿意支付的钱少，少于你花来购车的钱，你就亏了。如果一直没有人愿意买，多少钱也不愿意买，你的钱就会全部亏完。这不是不可能的，假设你购进的那款车存在严重的安全隐患，谁还会买它呢？

或许，全部亏完的情形极端了一点，毕竟价格波动又不

是你的错。如果你愿意再冒一点儿风险——你又买了一种期权，即你有权在将来某一天把车卖给期权的卖方。这种期权也约定了你将来售车的价格，这个价格低于你当前的进价。你为什么可以接受期权约定的这个低价呢？道理简单啊：即使你亏了一点儿，也不至于血本无归。期权价格便宜，因为没有人愿意以那样低的价格立即卖掉那辆车。或许，发行期权的人没有想到它可能会派上用场——如果真的有人想卖，他一定会高高兴兴地用最低的价格拿下那辆车。但如果二手车价格急剧上涨，你的车就可以直接卖个好价钱，就可以保住你的本钱、保证你的收益，期权合约卖方的执行价格就不

↑ 芝加哥期货交易所成立于 1973 年，很快就
了布莱克-斯科尔斯定价模型的实验场之一

再对你具有任何吸引力了。

期权与绝大多数的衍生性金融商品一样，是一种保险契约。你买进期权，但不一定执行期权。期权能保住你一大笔钱，所以，买进期权的成本也就冲抵了。你可能已经知道，期权可以买卖，也可以投机经营，所以，期权交易通常受到不公正的指责，被认为是金融世界的万恶之源。

2. 布莱克–斯科尔斯方程的重要性

期权的麻烦在于如何计算它的价值。它的价值由合约细节决定，至关重要的条款是允许你售出那辆二手车的价格和期权的到期日。合约之外的因素同样重要，尤其是那款车的现行价格。如此说来，我们似乎可以用某个数学公式将所有相关因素包含进去，并计算出一个公平的期权价格来。但问题是，我们不清楚如何把各种因素综合起来。

主要问题是如何把握未来市场。那款车一年后的市价如何？无人知晓。市场的不确定性是我们选择期权的首要原因，也是我们难以公平地为期权定价的重要原因。这个麻烦问题在 20 世纪 70 年代初期就解决了。美国的 3 位经济学家，费希尔·布莱克（Fischer Black,1938—1995）、迈伦·斯科尔斯（Myron Samuel Scholes，1941—　）和罗伯特·默顿（Robert C.Merton，1944—　）以新颖别致的数学方法解决了问题。他们基于大量假设提出的期权定价公式，是令人印象深刻的科学成果，不仅催生了现代的数理经济学，还成了理解所有衍生性金融商品的理论基础。时至今日，更强大的高性能计算机和数学理论撑起了全世界的金融计算，但我们还是可以毫不夸张地说，金融世界的美好与邪恶，都起源于几位经济学家的开创性研究。

3. 扩展内容

为了理解布莱克-斯科尔斯方程的意义，我们需要解码公式中那些希腊字母的意义。对于这个期权定价“秘方”而言，每个字母都是不可或缺的成分。

前面说过，期权赋予你在未来某一特定日期以固定价格购进或售出一定数量特定资产的权利，我们就从这儿开始吧——可以售出的特定资产，称为“标的资产”；可以售出标的资产的固定价格，称为“预购价格”；未来某一特定日期，称为“到期日”，是期权买方可以实际执行该期权的最后日期——注意，期权买方必须在期权到期日当天才能行使的期权，是欧式期权。另外，你买进了期权，但你不一定要执行期权，这类似于你买了旅行保险，保期是你的行程，你若平安归来，则没有保险理赔一说。

如果我们有一定数量的标的资产，我们也购买了以固定价格售出这批资产的期权，那么，标的资产的市场价格将影响我们的收益。如果标的资产的市价飙升，那么，我们就可以预测期权的市价会下降，因为物价上涨，期权就失去了吸引力。

在期权交易中，假如我们在标的资产上赚到了钱，我们在期权上就会损失同等金额的收益，反之亦然。基于此，我们似乎需要精心地安排，购进足够的期权，以保证在期权的波动价格与标的资产的波动价格之间保持平衡。在

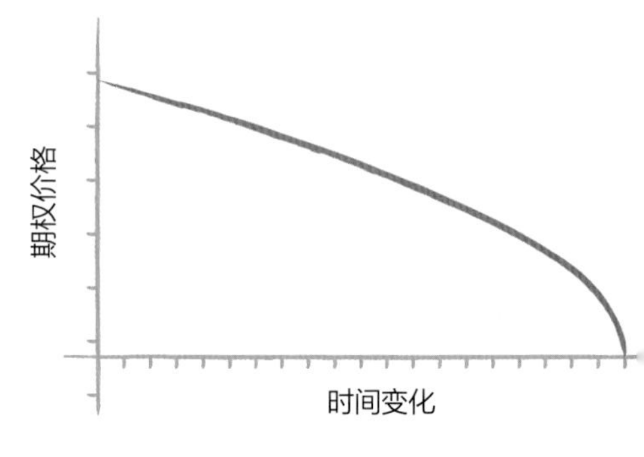

↑ 在其他所有条件都相同的情况下，随着时间的变化，权呈现出贬值的趋势。这种时间对期权价格的影响可θ 来表示。

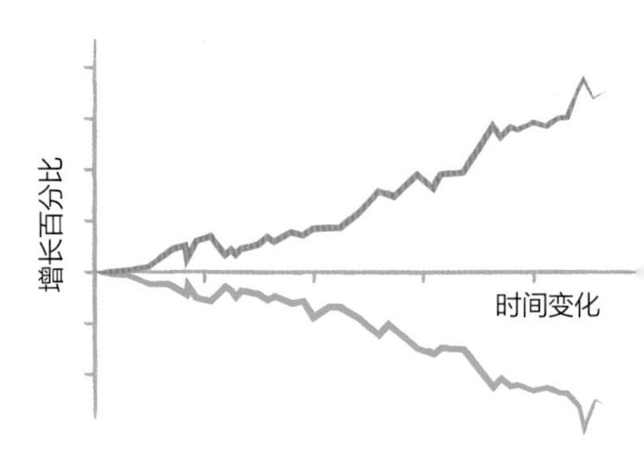

↑ 完全对冲指的是，标的资产所造成的损失正好由期权益来抵消，反之亦然。

所有其他条件都相同的情况下，这就是“完全对冲”——我们在标的资产上保有的收益，完全不受其价格波动的风险影响。

那么，为了实现完全对冲，我们需要购进多少期权呢？这取决于期权价格如何随标的资产的价格波动而波动，这个变量称为δ，计算公式为：

$$\delta = \frac{dV}{dS}$$

如果你拥有一单位标的资产，价格为 S。那么你需要价值δS的期权来对冲。从理论上讲，我们购进期权的总价与需要对冲标的的总价相等，即：

$$V - \delta S = 0$$

现实情况却并非总是如此，标的资产的价格波动也不是需要考虑的唯一因素。市场价格波动情况由布莱克-斯科尔斯方程左侧来解释。顺便说一下，方程右侧中的 r 表示“无风险利率”——在现实的期权定价时，它极其重要，关系到定价是否合理，但在我们这样的基础性讲解中，忽略这个 r 也是没有问题的。

方程左侧，综合考虑了两个要素：它们的总额应该与一个差额相等，即期权价格与期权实际市价的期望之间的差额。左手侧的第一个要素 θ 比较容易理解，指的是时间对期权价格的影响，计算公式为：

$$\theta = -\frac{dV}{dt}$$

为什么必须要考虑时间呢？时间写入了期权合约：在某一特定日期是要执行期权的。期权的到期日越来越近，标的资产的价格波动实质性影响期权价格的可能性越来越小。正由于这个原因，我们购进期权的价格与单纯的δS值不同，实现中（到期前）期权价格随标的资产价格变化而变化嘛。

第二个要素 γ 相对复杂一点，它计算期权价格随着标的资产价格波动的“加速度”变化，它的变化率与 θ 的变化率相同，计算公式为：

$$\gamma = \frac{d^2V}{dS^2} = \frac{d\delta}{dS}$$

随着到期日的临近，市场的不确定性因素减少了，标的资产的价格波动对期权价格的影响就会随之大一点，这将抵

↓ 用旅行保险来讲解期权，举例或许不当，但胜于无吧。

消 θ 的影响。然后，我们再将其与一个因数相乘，其作用在于描述标的资产价格，即 S 值的实际变化趋势。

把上述因素综合起来，就是把描述时间对期权价格直接影响的 θ，与描述时间对 δ 影响的 γ 相结合。总之，方程左侧表示期权价格与实现“完美对冲”的期权价格之间的差额（你或许需要回头看看前面讲过的内容了）。最后，我们再通过方程求解——在弄清了那些符号以后，这已经不难了——就可以得出 V 的值，也就是期权在理论上的“公允价格”。

用来描述现实世界里真实事件的数学模型，通常涉及假设、简化、近似值等概念，而这些概念有时又是非常极端的。可以说，模型越复杂，我们越难弄明白它的构成，更难弄清楚它在什么时候可能会滋生事端。但方程总归只是方程而已：方程发挥什么样的作用与影响，完全取决于使用它的人有何判断力，以及使用它的机构有何目的。

总结

布莱克-斯科尔斯方程将数学、物理学方法应用于资产定价。假若没有它，现代金融世界就不会是现在的样子。

模糊逻辑

解决问题的办法有时并非一定是精准的。无论是古代的哲学问题，还是现代的空调系统制热制冷问题，皆可用模糊的办法来解决。

非

$$\neg x = 1 - x$$

与　　较小值

$$x \wedge y = \min(x, y)$$

$$x \vee y = \max(x, y)$$

或　　较大值

1. 模糊逻辑的内容

通常情况下，我们对世界的看法就是我们作出的判断，判断的结论有二：或肯定，或否定。

比如，邻居斯密斯太太是否养了宠物犬？这个问题可能有两种情况：她养了一条宠物犬；她没有养宠物犬。但这两种情况不会同时存在，或者，同时不存在。我们作出判断的前提有三个：宠物犬存在，宠物犬不存在，或者“我不

下雨可不是简单地说下就下、说停就停的。降雨要分等级，所以，我们才会说“今日有大雨”“今日有小雨”或“今日无雨”。

知道”。

当我们说“我不知道”时，或者当我们说“我感觉斯密斯太太养了一条宠物犬，但我不确信”时，我们就已经进入了概率的王国（参见第 142 页）。但另外两个前提的可能性只有两种：第一前提为真，则第二前提为假；第一前提为假，则第二前提为真。

这就是经典逻辑的范畴了：判断都有所肯定或有所否定，判断的结果或真或假。非黑即白，非白即黑，这种思维方式清晰明了、明白无误，但它并不总是契合实际生活。譬如说吧—— 假设我说“今天很热”，那么，如果今天实际上很冷，你会说我的判断为假；如果我们今天恰好处在热浪之中，你会说我的判断为真。但在冷热两种极端温度之间，还有没有其他的可能？每一种温度都有可能。但是，对于“今天很热”这样的命题，经典逻辑同样要求我们作出或真或假的判断。这不是很可笑吗？有没有这样一个温度，会让我们觉得“今天很热”这个命题有点儿真，比较真，或非常真？

创立于 20 世纪 50 年代的模糊逻辑，为我们描述有点儿

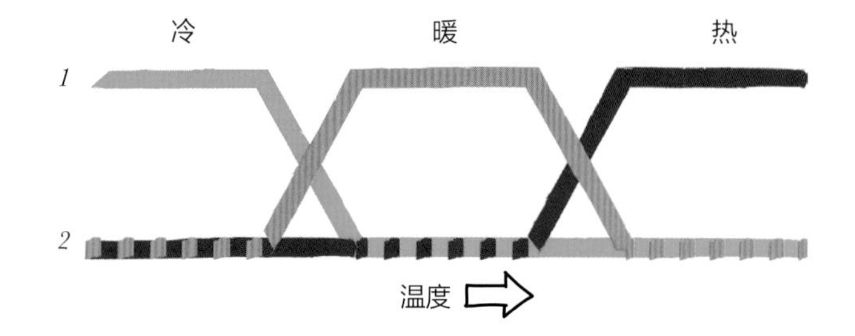

← 模糊逻辑控制的温度环境会更加舒适。

真、比较真、非常真的情形提供了一种数学方法。经典逻辑可用两个数值来表述，0 为假，1 为真；模糊逻辑则允许我们用 0 到 1 之间的任何数值来描述某种情形，类似于概率，它描述命题真假程度的高低。

2. 模糊逻辑的重要性

生活中的许多问题，真的只能用枯燥无味来形容，经典逻辑却为如何理解这些问题付出了大量的努力。比如说，一只普通的电灯——不是调光器上的灯泡，究竟是开着的还是关着的呢？答案只有两种，要么开着，要么关着。诸如此类的问题，我们需要干脆利落地判断。

生活中还有一些情形，它们的答案并不是那么直截了当。对于这样的问题，我们需要用简单的语言去描述问题的实质，而不是用激烈的言辞去评述问题的本身。

比如，“斯密斯先生有一份工作”，这个命题是真是假？在英国，描述一个人是否有工作可能需要考虑几种边界状态——斯密斯先生所在的公司即将裁员，斯密斯先生即将收到终止雇用合约的通知，斯密斯先生只是签了一份临时性演出合同，等等。然而，我们在实际生活中回答这类问题时，或许不会那么复杂，我们会抛开逻辑思维的标准，根据“工作”的官方定义，把几种边界状态整理出来，从而判断出斯密斯先生是否有一份工作。

但生活中还有一些情形，用上述方法都难以回答。最说明问题的例子是恒温调节器控制的暖气空调系统。它最初的逻辑命题设计现在看来颇为幼稚：当气温下降超过某一刻度，室内温度低的命题为真，供暖系统就打开；当气温上升超过那个刻度，室内温度低的命题为假，供暖系统就关闭，空调系统就开始吹凉风。这种或真或假的逻辑设计，让暖气空调系统的运行产生两种结果，室内温度或高或低，但剧烈的温度变换会让人不舒服。若用模糊逻辑来设计，我们的温差体验就会平缓得多。事实上，现代的温度调控系统大都采

某一刻，飞机飞在云团里；而后某一刻，飞机飞出云团外。但是，由“里”到“外”的转换，可以确定发生在哪一刻吗？

用的是模糊逻辑设计原理。

模糊逻辑的普遍原理，已经应用到了许多技术领域，比如，公共交通系统、飞机自动驾驶、卫星通信系统、家用电子产品等，但凡需要自动化系统来控制器件运转的技术领域，随处可见其应用。从更高的概念性层面来讲，模糊逻辑可以帮助科学家更好地诠释任何本质上不明确的现象，它甚至因此受到了哲学家的欢迎。在法律界及医学界，自动化决策过程的重要部分是“专家系统”，而模糊逻辑则可以帮助专家提高决策质量。

3. 扩展内容

模糊逻辑试图回答的问题由来已久，发轫之始可以追溯到古希腊的哲学家。问题的形式不止一种，在今天统称为模糊问题。下面，我们举一个现代生活中的例子——假设我们认为在某一特殊的路段上，车速在 15 千米 / 小时不是危险的，车速在 160 千米 / 小时是危险的；再假设我们认为危险的车速通常比安全的车速快，换言之，在其他所有条件都一样的情况下，加速驾驶会变得更不安全。那么，总有一个速度将“不危险”和“危险”截然分开，难道不是吗?

下面，我们来看看为什么，以及为什么这会是一个问题——假设我们上路做一次驾驶实验，以 15 千米 / 小时的速度出发，慢慢地提速至 160 千米 / 小时。我们的速度开始不是危险的，且不危险的车速会持续一定时间，但最后我们的车速是危险的了。所以，不危险的车速一定是在某个点上转到危险车速上来的。倘若我们能够找出那个点，它就是指导公路局规定此路段限速的最佳值。

但是，通过车速实验真的能够找出那个点吗？车速本来十分安全，难道眨眼的工夫我们就在某个点上（几乎不明显地）升到了危险车速上了吗？别说傻话了！如果我们的车速是安全的，即使再快一点点，它仍然是安全的；如果速度是危险的，那么，再慢一点点仍然是不安全的，对吧？

这儿的问题出在“安全”二字，它的语义太模糊了！假若我们试着给出精确的定义，比如说，“低于 50 千米 / 小时的车速是安全的”，那么，“安全”一词就成了一个专业术语，就失去了它的本意了。

法庭上常常用到语义模糊的词语，有时还挺奏效的，有时也会导致严重不公的错案。如果法官、原告、被告或证人一干人等，刚好有人掉在了语义错误的那一边，他们的用词就反映不了案件的本质，最终将导致司法不公的问题。

这些就是模糊思维可以介入的地方！按以前真假判断的思维方式，假设我们的命题是 A=“这个车速是危险的”，那么，我们如何检验其真值呢？如果车速真是危险的，那么，$T(A)=1$；如果车速不是危险的，那么，$T(A)=0$。现在以模糊思维来判断，我们允许 $T(A)$ 的值为 0—1 中的任意值。

就我们上面举例的车速而言，如果车速为 15 千米 / 小时，那么，$T(A)=0$；如果车速为 160 千米 / 小时，那么，$T(A)=1$。但是，在 15—160 千米 / 小时之间，还有诸多可能呢！所以，$T(A)$ 的值应该是从 0—1 逐渐递增的。在此情形下，我们或许不能纯粹地说“这个车速是危险的”，而应该表述为“这个车速是 0.8 危险的”，或者诸如此类的判断句。

上例也暴露了模糊逻辑的一个缺陷：如果交通标示牌上标注的是这样的信息，而不是一个固定数字，那可真的不敢想象。或许，我们可以按这样的思维来理解超速罚款，在一定程度上讲也的确如此：在一个宁静的街区，如果你把车速飙到了 160 千米 / 小时，你可能会有大麻烦；如果你只是超速了一点点，麻烦就会小得多。

如果将以上的概念、思想也归入逻辑范畴的话，只有或真或假两种判断就行不通了，就需要用到“与”“或”“非”之类的逻辑连接词了。目前使用频率最高的是模糊数学之父、美国学者扎德（Lotfi Aliasker Zadeh，1921—2017）创立的扎德算符：以前我们说，A 且 B 为真则 A 或 B 为真；现在我们说，A 且 B 取 A 和 B 真值的最小值。为何取真值的最小值呢？因为一根链条最脆弱的一环决定了其强弱。模糊逻辑运算符号功能强大，计算机专家可以用它们来解决涉及许多变量的复杂问题，经典逻辑学家也可以用它们来解决许多非黑即白、非白即黑难以解决的逻辑问题。

↑ 上图中，一端为蓝色，一端为绿色。蓝色不
绿色，所以，图中应当有一点是蓝色变成绿
之处。但这个点在哪儿?

总结

在二元世界里，凡事或真或假。对于这样的认识，我们已经坦然接受，实在难以改变。但如果我们真的愿意改变认识的话，许多问题也就迎刃而解了。

四元数旋转

四元数是 19 世纪数学家传下来的宝贝，可以解决 20 世纪、21 世纪的诸多实际问题。

$$i^2 = j^2 = k^2 = ijk = -1$$

$\sqrt{-1}$ $\sqrt{-1}$ $\sqrt{-1}$

1. 四元数旋转的内容

让我们先做一个实验吧——实验需要你与朋友共同完成，实验用品是一根普通的皮带。皮带两端分别指向你们自己，你俩各执一端保持皮带与地面平行。你的朋友握着一端不动，你把自己这端完整地扭一圈，就是在皮带上形成一个螺旋结。实验挑战的内容是通过移动皮带解开螺旋结——但条件是，皮带与地面平行保持不变，两端所指方向不变（不可再旋转皮带）。

如下页插图显示的情形一样，你俩可以用不同方式来移动皮带，但结果是，你们将把皮带上的螺旋结翻转，却解不开那个结。这可真奇怪啊：扭出一个反方向的结似乎应该将原来的结翻转两次。但如果真是这样，你们一定在皮带的某个地方解开了原来那个结。但无论你怎么试，你都找不到是在哪个点上解开了原来那个结的。因为它并没有被解开！

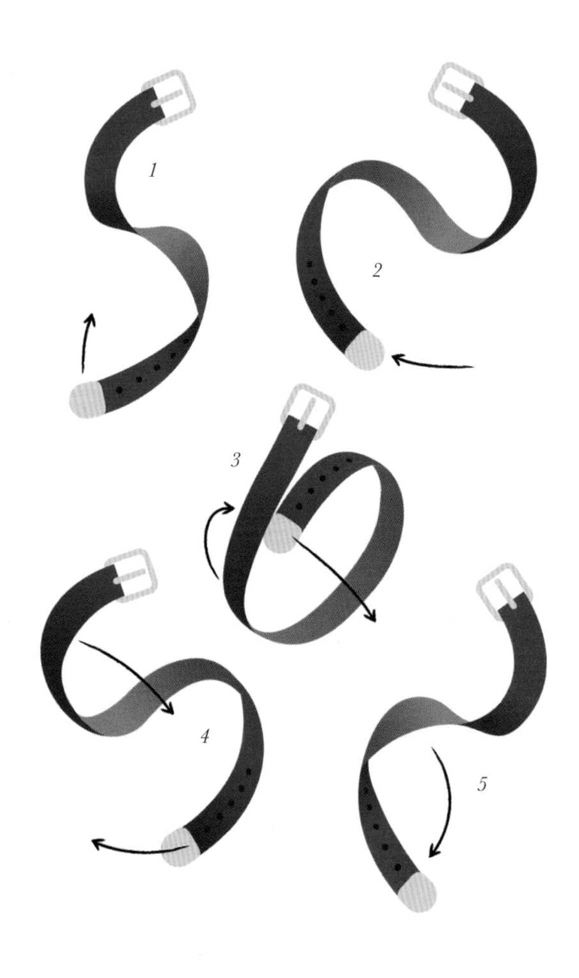

← 在一定条件下，扭转皮带一圈形成螺旋结，以使皮带被翻转，但是解不开。

这种现象表明，物体在三维空间里的旋转较为复杂，它们的表现似乎与我们想象的不同。四元数看似奇异，但它描述的正是三维空间里物体的旋转，可以解释这些旋转是如何发生的——当然，四元数给我们留下的第一印象似乎与旋转没有一点儿关系。

“阿波罗 11 号”意外地发生了令人惊恐的框架自锁现象，幸亏及时解除，才得以安全返回地球。

2. 四元数的重要性

在我们生活的三维空间，许多物理现象都与旋转相关。如何描述三维空间的物体旋转呢？常用的方法是建一个坐标系，用三条轴线分别表示前后、左右、上下三个方向，旋转就是绕一个轴向的转动。下面，我们想象一下自己绕某一轴向的旋转：

绕前后轴向旋转——头前脚后，做侧向翻滚。

绕左右轴向旋转——同样是头前脚后，但做前后滚翻。

绕上下轴向旋转——就是你在旋转木马设备的正中间。旋转木马中间的支撑柱指向的正是上下轴向，站在柱子旁的你便是绕着上下轴向旋转。

这些旋转对应的角度常常被称为“欧拉角”，将它们组合起来，就可以描述任何一个我们能够想象得到的旋转运动。

1969年之前，欧拉角一直被用作理解旋转运动的方法。1969年7月，人们发现欧拉角不能解决所有问题了。事情的起因是“阿波罗11号”飞船的登月舱——当时，登月舱正在太空中与指挥舱对接，准备返回地球。在对接操控过程中，登月舱驾驶员需要执行必要的旋转指令，以定位对接的角度与位置。宇航员却意外地发现，登月舱失去了控制，出现了所谓的“框架自锁”现象。在登月舱的制导系统中，它的三个旋转中的两个会同步，或者说等价，也就是旋转轴相同，导致系统失灵。万分危急之中，宇航员被迫反复地用手来摇动系统，以解除它的锁死状态。这惊险的一幕完全不在计划之中，所幸宇航员迅速地恢复了控制，成功地完成了与指挥舱的对接，顺利地返回地球。但是，从理论上讲，这种危险的情形可能出现在任何飞行器上。

框架自锁中的“架”指的是平衡环架组，是一种具有枢纽的机械装置。电子游戏的研发人员同样熟悉框架自锁现象。在设计游戏动作时，欧拉角的定义直观明了，易于操作，但极端的旋转动作极易导致场景陷入框架自锁的陷阱，发生异常跳变。因此，当今的飞船设计、飞机设计、游戏设计等，无一例外都采用了四元数代替欧拉角。在涉及三维物体对称性的领域里，四元数旋转同样极其实用，因此，分子生物学家、化学家也会用到四元数旋转。在美籍奥地利科学家、物理学家沃尔夫冈·泡利（Wolfgang E. Pauli，1900—1958）发明的“泡利矩阵”

中，也用四元数旋转来定义量子自旋。此外，从某种意义上讲，我们自己在地面上做各种滚、翻、转体等动作时，也是在三维空间里做旋转运动，实质上也就是四元数旋转的问题。当然啦，多做这样的转体动作有利于身体健康。

3. 扩展内容

四元数通常是作为一种特殊的数字系统来讲解的。它们与复数极其类似。在复数概念中，普通数中引入了特殊的虚数 i，表示-1 的平方根。四元数概念则又引入了两个特殊的虚数，它们各有不同，但同样都是-1 的平方根。这听起来有点令人惊讶吧？

但是，我们别忘了，即使是在普通数中，数字 4 也有两个平方根，2 和-2。$2^2=(-2)^2=4$，对不对？因此，一个数有两个平方根，这有什么奇怪的呢？四元数又引入了两个特殊虚数，分别被称为 j、k，同时规定，$i\times j\times k=-1$。

四元数系统中有四个基本元素：1，i，j 和 k——系统中每一个数都是普通数与其中之一相乘后相加得到。我们可以将它们表示为一列数，或者，按数学家的语言，称其为“矢量”或“向量”。举例如下：

$$(3,-2,1.8,-3.72)=3-2i+1.8j-3.72k$$

注意，代表四元数的向量有四个独立的元素，所以，四元数对应的是四维空间。

但是，四元数作为数字系统真的有用吗？毕竟，我们不能发明新的数字：我们的四元数还要能实现诸如加、乘之类的有意义的运算。事实上，这些运算我们都可以人工定义，

↑ 平衡环架组共有三只平衡环架，可控制空间三个方向的旋转，进而使架在最内环架的物维持旋转轴不变，即物体以单一轴旋转。其中一只平衡环架不能转动，就会导致万向死锁现象。

不过它们的乘法运算相对复杂一些。但四元数真的堪称“美好”的数字系统，而且它也是“实数域上有限维可除代数”最好的例子——这种数学结构，则包括了实数、复数、四元数和四元数的推广“八元数”。

为了讲清楚四元数与旋转的联系，我们首先将讨论设定在了单位四元数。这意味着，就我们讨论的旋转而言，其“大小”[可用毕达哥拉斯定理（参见第2页）来量度]为1，即单位四元数的范数为1。至此，四维旋转同样可以用来描述三维物体，当然，这在矢量概念中并不明显。但是笔者想说，三维旋转应该对应三维物体。经过一系列的代数运算，我们可以将单位四元数转换为三维空间旋转。

即使你相信代数运算可以将单位四元数转换为三维空间旋转，你可能还是会提出一个疑问：难道我们不是已经有欧拉角来描述它了吗？

是的！但是，事物的表示形式是极为重要的，问题的解决离不开其表示方法。欧拉角以角度来表示旋转，在实际应用中会出现诸多缺陷或不足。一次、两次的应用，尚不足以发现问题，需要反复应用——正如数学家所言，需要通过旋转的“集合”，才能找出哪里出错了。四元数可以有效地解决旋转问题，原因在于它修复了欧拉角的基本缺陷。

那么，欧拉角的缺陷究竟是什么呢？描述旋转问题，涉及了几何学、拓扑学和代数知识的综合应用。下面，我们来分析一下——往深里说，若用欧拉角来代指旋转，从拓扑学的角度来看，旋转构成的空间变成了环面或甜甜圈形状（参见第 61 页）。若用四元数来指代旋转，那么，旋转构成的

→ 如果将两个方向的旋转用欧拉角的表示法结合起来，就形成了圆环面（甜甜圈形状）而不是球面，有点不太对劲！

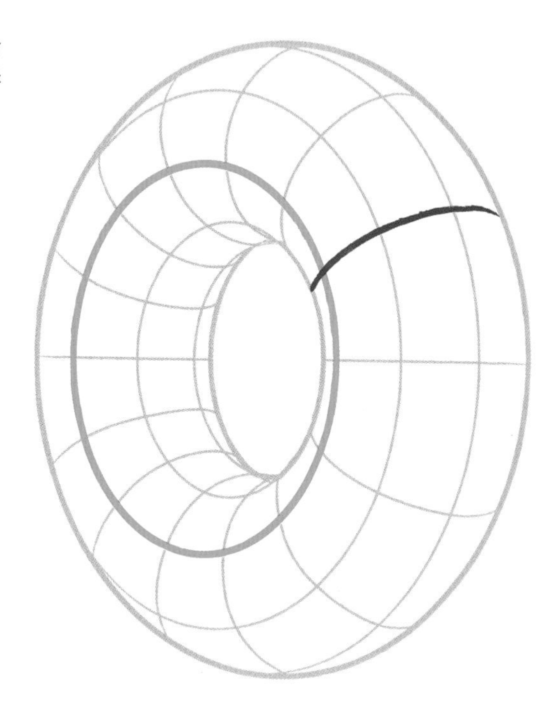

空间就变成了球面，旋转就可以理解为球面的而不是环面的。从某种意义上讲，欧拉角犹如形状出错的地图。大家想一下：如果把地球当成一张平面图，那么，每次到达边缘之后，我们是不是都得跳到对边上去？地球是球面的，不是平面的。我们在墨卡托投影（参见第 64 页）中谈到过类似的问题。

我们就讲到这里吧，再往下说，就要说到挪威数学家马里乌斯·索菲斯·李（Marius Sophus Lie，1842—1899）提出的“李群”和覆叠空间了。

总结

旋转运动通常不按我们想象的方式发生，在大多数情况下也不会给我们带来理解和应用上的麻烦，但有些时候，它们也可能将我们置于困境。

谷歌页面排序

谷歌创始人通过应用大型方程积累了自己的财富。

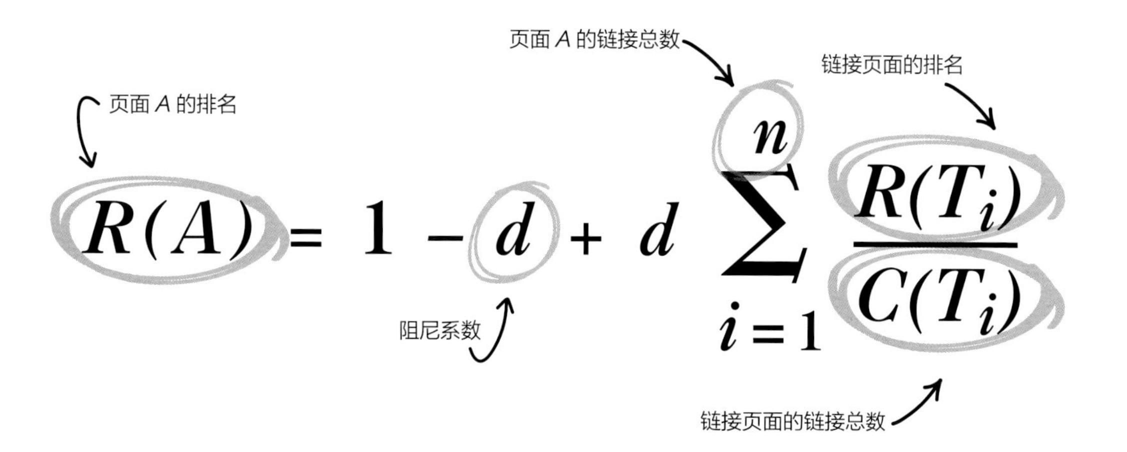

$$R(A) = 1 - d + d \sum_{i=1}^{n} \frac{R(T_i)}{C(T_i)}$$

1. 谷歌页面排序的内容

谷歌声称自己的使命就是提供万维网索引工具。不言而喻，万维网的网页搜索堪称大问题：一种语言只有几千个常用词汇，万维网上的网页却高达几十亿个。假如一种搜索引擎向我们反馈的页面，虽然包含了我们检索的关键字，全部网页的顺序却混乱不堪，很多网页的检索质量又不高，这无异于灾难——我们必将在页面选择环节忙得不可开交，烦琐而低效的动作甚至会让我们的情绪崩溃。

在此情形下，我们迫切需要可以判定网页是好是坏的方法。方法之一是花钱雇人来挑选页面，但网页数量之多，实非人力所能及。所以，我们需要找到一定的策略来编制特定的计算机程序，让计算机来帮我们完成这件苦差事。可计算

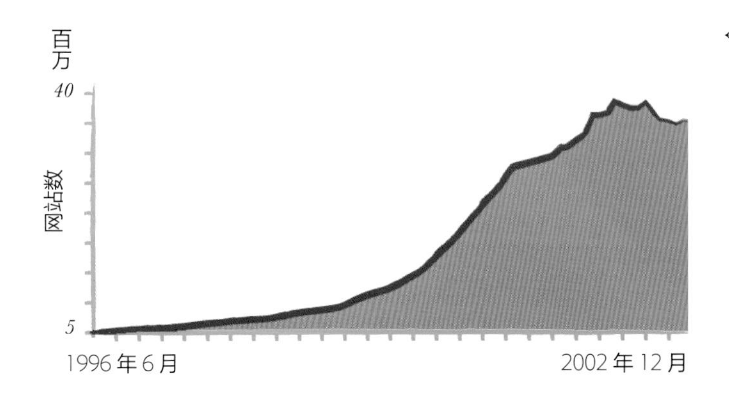

← 在过去相当长的时间里，全球网站数量一度现出指数增长的态势，以至于现在摆在使用面前的最大问题是如何找到有意义的页面。

机并不知道页面上究竟有些什么内容，它又该如何来作出判断呢？

页面排序理论背后蕴含着丰富的思想，其中之一是计算机不需要去，至少不会直接去检索万维网上的全部网页。网页设计者通常会在自己的页面下链接其他网站的页面，他们这样做的初衷可能是因为觉得自己链接的页面有趣、有价值。总之，万维网上的网页你链接我、我链接你，构成了一个复杂程度难以想象的“页面网”。因此，我们需要为计算机设计某种程序，让它“坐”在那里一动不动，专门收集这些网页链接蕴含的信息，再从那个超级庞大的“页面网”中判别出是谁链接了谁，并对同一话题的众多页面进行“投票”，判定那些被链入较多的网页更为重要，被链入较少的则更不重要。

页面排序的理论内容大致如此。事关大局的问题是——谁链接了你的网页？如果是久负盛名的可信站点做的链接，你给它投票的分数自然就高；反之，那些鲜为人知的站点得分就低。可能带来麻烦的是垃圾邮件站点，它们存在的唯一目的就是通过与其他站点的链接来提升自己的可信度（这曾经真的是个大麻烦）。因此，计算机该如何从信誉度千差万别的链接网站中判断出最可信的链接页面呢？简单！——就是看谁的导入链接多。

至此，你或许已经发现了问题的症结所在：我们陷入了恶性循环——为了评估那些导入链接网页的质量，我们需要了解它们的信誉度；为了判定导入链接网页的信誉度，我们需要了解链接网站的信誉度；为了判定链接网站的信誉度，我们又需要评估那些导入链接网页的质量……上述过程不仅需要从头再来，而且需要一直反复下去。所幸互联网是有限的，我们终将回到起点。这似乎是一种不可能的情形，但这正是页面排序方程必须解决的问题。

谷歌服务器处理的数据量已经出现了爆炸性增长。如何从海量数据中找到人们所需的内容，似乎是一个永无止境的问题。

2. 谷歌页面排序的重要性

想必你一定知晓谷歌公司吧？你也应该知道谷歌对于成千上万的互联网用户意味着什么吧？

在笔者构思本书之时，谷歌已经在全球的通用互联网搜索网站中独占鳌头。而在 2000 年前后的那些年，我们大多数人用的还是几种不同的搜索引擎，而且，不同的搜索引擎在完成不同的搜索任务时表现各异，当时的互联网用户还会时不时地分享一些谁好用谁不好用的心得。搜索引擎市场的竞争极其惨烈，但谷歌搜索提供的搜索质量远胜于同时代的其他对手，所以，它迅速地取得了显著的优势地位。而谷歌崛起背后的关键原因，在于它的核心技术——佩奇的排序算法。

3. 扩展内容

首先，我们应当指出，谷歌与其他搜索引擎一样，使用的是组合策略来完成页面排序的，这在很大程度上属于商业敏感信息。我们这里只是简要地谈一点——输入决策过程的某一个数字。或许，等到本书面世之时，谷歌的算法已经发生了变化，但数学原理应该还是一样的。

基本公式极其简单。我们以计算页面 A 的页面排名为例——公式右边，首先观察有求和符号的那一页，它涉及链接到页面 A 的所有页面。然后统计每一个链接页面与页面 A 的链接次数，最后，再除以每一个链接页面指向其他网页的链接数目。为什么呢？原因在于，如果一个页面的链接是随意的、不加选择的，那么，即使链接页面数量成千上万，对我们而言也是没有价值的，我们需要的是针对搜索内容的页面。

公式右边的式子，实际上就是网页排名算法定义的页面

上图中，左边 A、B、C 三个卡通人像代表一个迷你互联网的三个页面，右边电脑显示屏上的矩阵可以计算三个页面的排名。当然，页面的真实排名取决于阻尼系数，即一个用户继续点击网页上链接的概率。

A。但问题是，这样算出来的页面排名中包含了页面 A 本身。这种情形类似于你的英语老师让你用一个单词本身来定义这个单词，也好比我们说一个人“不错”是因为他的朋友“不错”，这就是那个制造麻烦的恶性循环。因此，我们需要能够破解死局的工具——线性代数！

说到线性代数，我们基本上是在与矩阵打交道。我们可以将矩阵想象为数的平方，而矩阵 L 中任意的某个元素，可以通过矩阵中的第 i 列和第 j 行两个索引找到，这有点像在大型停车场找停车位。通常，我们将这单个元素写作 L_{ij}。处理页面排名的矩阵是大型的：万维网上每一个页面在矩阵中，都需要表示为一列一行两个索引。假如页面 T_i 与页面 T_j 链接，那么，矩阵中的元素 L_{ij} 为 $1/C$，其中，C 代表从页

原始图

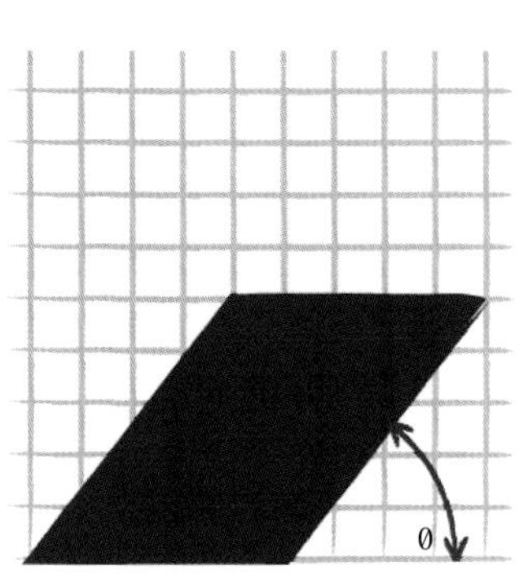

← 如图所示，正方形在矩阵作用下变成了菱形
但是矩阵底边线上每一个点的值不变，它们
矩阵的不动点。

面 T_i 导出去的链接总数。如果页面无任何链接，其值为 0。

假如我们想要为收集到的全部页面作一个页面排序，那么上述的大型矩阵可以帮助我们用以下方法来计算——将这个页面排序转换为向量 P，我们会发现，这个向量 P 须满足一个平淡无奇的方程：

$$\boldsymbol{P}=\boldsymbol{L}\boldsymbol{P}$$

如果你懂得向量与矩阵相乘的方法，就可以拿出纸和笔自己算一下，你会发现，这个简单方程的解与本节讨论的方程的解完全等价——其中的计算细节极其简单，但门外汉一定会看得一头雾水。

尽管如此，计算细节之外我们应该还有别的收获：想要计算的页面排序向量 P，出现在方程的两边都不再是问题了，以 L 乘以向量 P 不会有任何影响。——请允许我用一丝自鸣得意的语气说，这个特殊的例子刚好可以说明什么是“特征向量” L。

如果你以前没有接触过类似的代数问题，你会觉得上面这些话说得好比装神弄鬼的巫术。但上例真的还就是一般性的问题，没准你还求解过类似的方程呢！比如，我们的方程为：

$$f(x)=6-2x$$

你看，方程 $P=LP$ 是不是可以写为：

$$x=f(x)$$

这样换来换去会形成什么恶性循环吗？真没有。下面，我们可以根据定义代换 $f(x)$，再进行符号变换，即可求出未知量 x：

$$x=6-2x$$
$$3x=6$$
$$x=2$$

但是，我们在本节讨论的方程是向量与矩阵相乘，不会比上例的算法更复杂吗？答案是否定的。佩奇排名算法最终归于大量的简单计算。噢，我说错了，或许不能称为简单计算。在佩奇排名算法矩阵中，L 是一个方阵，共有 625 000 000 000 000 000 000 个元素代表网页链接，而代表页面排序的向量 P 的值为 25 000 000 000！两数相乘非常简单，但它们两个规模太大——我们即使是读一遍，恐怕都还要先数一下位数吧？把这样的两个数字相乘，即便是你口袋里正好有计算器，恐怕你都懒得拿出来。

凡事总是有美好的一面——矩阵特征向量求解的方法，可谓又好又多，因为它在别的领域也用得实在太多了。或许，有些方法的计算过程有些冗长、无聊，但是可以让电脑去完成那些工作量巨大又无须动脑筋的计算。

以上就是关于如何求解矩阵 P 的全部方法及过程了。

上面，我们从单个页面排序的小问题开始，一直讲到了如何解决大而复杂的问题。总之，所有页面排序，都可以一举算出来。许多线性代数问题大概都如此：看起来令人恐惧的系列任务，一经分解，突然之间就成了轻而易举的事情，这有点像变魔术。

基于这个原因，矩阵代数在搜索引擎之外的许多领域都是基础工具。事实上，矩阵的特征值在任何技术领域都是首先需要了解、掌握的知识要点。

总结

一家公司可以通过页面排序来寻求互联网的意义，我们可以通过此例来感受线性代数的威力。

第三章

未知的探索——概率与不确定性

均匀分布

均匀分布对赌博游戏的影响极大，也是理解贝叶斯定理的起点，而贝叶斯定理在医学统计、科学技术和人工智能领域应用广泛。

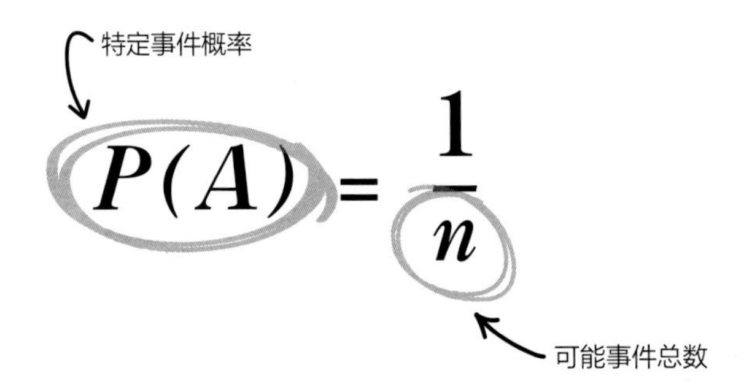

1. 均匀分布的内容

概率论提供了衡量未知事件可能性的方法。这真是了不起！长久以来，人们一直认为研究未知事件是不可能的。均匀分布以最简单的方式描述了事件发生的可能性，具有复杂可能性的结果一下子变成了可知的、有限的，而且每一种结果都是等可能性事件。

以普通的掷骰子游戏为例：一枚正常的骰子正常地投掷一次，出现的点数就有六种可能性，所以，根本不用指望次次都掷到特定的点数。形象地说，一枚骰子共有六面，每一面出现的机会均等；就六种点数结果而言，每一种出现的机会也均等。——这就是所谓的均匀分布。

均匀分布本身并没有特殊的实用之处。但是，一旦数字与事件的可能性联系起来，就可以用它来回答更复杂的问题了。还是以掷骰子为例吧：假设掷到小于 5 的偶数才得

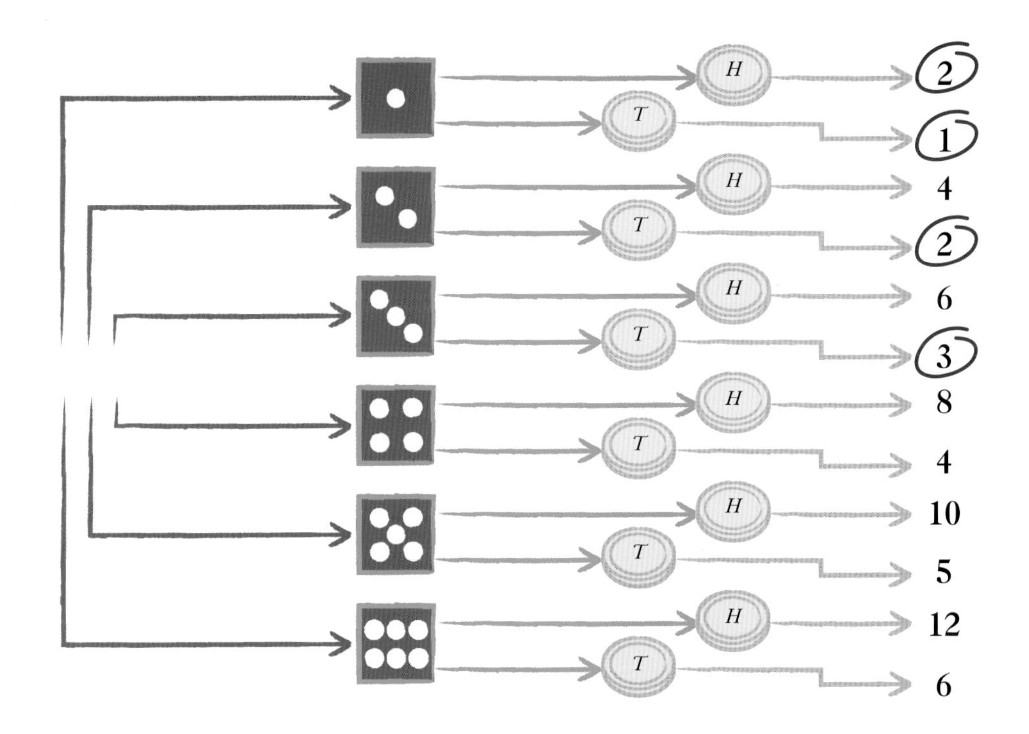

掷骰子、抛硬币都是典型的赌博游戏。上图显示一种抛硬币掷骰子的游戏，规则是抛到硬币正面头像者，点数乘以 2，且最终的点数小于 4 才可得分。从图示可以看出，代表可能性的细线出现的机会均等，因此，掷中点数小于 4 的机会是 4/12，即 1/3。

分，赢的可能性有多大？如果同时投掷几枚骰子，结果又会怎样？就这样从普通的掷骰子游戏开始，对可能性研究逐渐演化成了一种精确的理论体系，我们称之为“不确定性分析”。

2. 均匀分布的重要性

让我们假想一个上数学课的情景吧——老师在黑板上画了一个三角形，指着其中的一只角说是直角，然后，老师就叫同学们解答各种各样的三角形问题。——你有没有想过问一下老师：为什么说那个角是直角呢？那个角就恰好是 90° 吗？

老师莞尔一笑，轻声细语地告诉你：“我们假设它是直角。为了便于理解这道题，我们设定它是直角。我们上学期不是学过‘已知条件’吗？你就当它是已知条件，没有必要去管它是不是刚好 90°。”

老师的回答不无道理，但真实的生活不是这样来假定的。在真实的生活中，即便是面对一件小事情，我们都不能立刻就作出肯定的回答；即使我们知道自己是正确的，我们通常也会声称自己有可能出错。

17 世纪之前，所有的数学知识都是建立在确定性之上的。比如，在有关三角形的问题中，所有的演算都基于已知的边长、角度或顶点。根据确定的信息来演算，得出的结果便是确定的。比如，假定已知直角三角形最短两条边的边长分别为 3 米和 4 米，我们就可以毫不怀疑地说另一条边的长度为 5 米（参见第 2 页）。可问题是，一旦走出教室，我们还能得到如前所述的精确信息吗？

在许多情况下，我们获知的信息都不是绝对的精确、完整或确定的。比如，科学观察总会有一定程度的误差，原因是观察设备没校准或者出了故障，这些问题都有可能发生；即使考虑到了设备误差，也还有可能出现计算错误，或者这样那样的失误。即便是我们十分肯定的事情，其实多多少少也笼罩着一丝疑云。

概率论之端倪，始见于人们试图破解赌博游戏的思考与探索。在玩扑克牌游戏、掷骰子游戏时，人们总是渴望找到一种可以帮助自己弄清输赢机会的方法，并最终发现：均匀分布在解决输赢概率问题时起着至关重要的作用。从那以后，科学与技术的许多领域都将均匀分布作为研究的中心内容。在自然科学研究领域，科学家以均匀分布建立了不同的概率数学模型来进行理论研究，它们通常可以更有力、更有效地解释研究对象可能发生的各种情形。

通常情况下，多列队列的人群是均匀分布的。人们喜欢加入较短的队列，将它和其他队列对齐。

3. 扩展内容

玩游戏时，譬如抛硬币、掷骰子或从一摞扑克牌中任意抽取一张等，我们通常假定出现各种结果的机会是均等的。换言之，我们处理的是均匀分布的问题。假设我们想知道掷一次骰子，掷得 1 点的机会有多大？答案是 1/6，它意味着我们每投掷 6 次骰子，出现 1 点的机会大概是 1 次。为什么说“大概是 1 次”呢？我们投 6 次骰子，有可能 1 点一次也没有出现，也有可能次次都是 1 点，对吧？那我们投掷很多次呢，结果又会怎样？很多次平均下来，我们掷得 1 点的机会大约就是 1/6。

假设只有掷得 5 点或 6 点才算赢，又如何呢？这就应当算作一个新的事件了。当然，这件事也可以当作由两个小事件构成的，即“掷得 5 点”或“掷得 6 点”。这里的“或”其实就是两种可能性。因为 5 点或 6 点都算赢，那么，我们可以把掷得 5 点的概率和掷得 6 点的概率合起来：1/6+1/6=2/6=1/3——我们赢的机会大约为 1/3。

与前面解释过的道理相同，如果我们投掷很多次，平均下来每投掷 3 次骰子，就会有一次掷得 5 点或 6 点。这种分配概率的办法，可以用来描述任何由“或”连接的两个命题可能性——只要两种可能性不会同时发生就行。

再提一个极端的问题吧——如果掷得骰子上 6 个点数中任意一点都算赢，那么，获胜的概率有多大呢？那就是 1/6+1/6+1/6+1/6+1/6+1/6=1。当一个事件发生的可能性为 1 时，我们用“确定”来描述。试问：有哪一件事发生的概率比 1 还高呢？只要掷出去的骰子不会发生什么诡异的特殊情况，比如刚好卡在房间的某个角落且纹丝不动，我们肯定就可以掷得 6 个数字中任意的一个点数。

同样的道理，用一只仅有 6 个点数的正常骰子，可以正

← 在均匀分布的系列事件中，每件事情发生的
会均等。

常地掷得 7 点吗？当然不可能。对于不可能发生的事情，我们将其概率定义为 0。从数学原理的角度来看，这是讲得通的：掷得 6 点或掷得 7 点，其概率为 1/6+0=1/6，仍旧是掷得 6 点的概率。

上述掷骰子游戏为我们计算概率找到了一个常用且实用的诀窍：不发生某事件 X 的概率为 $1-P(X)$——毕竟一个事件发生或不发生的概率之和必定为 1！举例来说：掷得 1、2、3、4、5 点数的概率，与不是 6 点的概率是一样的，其算式为：1–1/6=5/6。

下面我们把掷骰子的情形想象得更复杂一些：假设同一枚骰子我们可以连掷两把，那么，两把都掷得 6 点的概率为多少呢？我们想要的结果可以描述为，“掷得一个 6 点然后掷得另一个 6 点”，或者，“同时掷得两个 6 点”。第一把掷出去，可能出现 6 种结果，但只有掷得 6 点这一结果才是我们的目标；第二把掷出去，可能出现的结果还是有 6 种，但仍然只有一种结果是我们想要的。虽然可以连掷两把，但

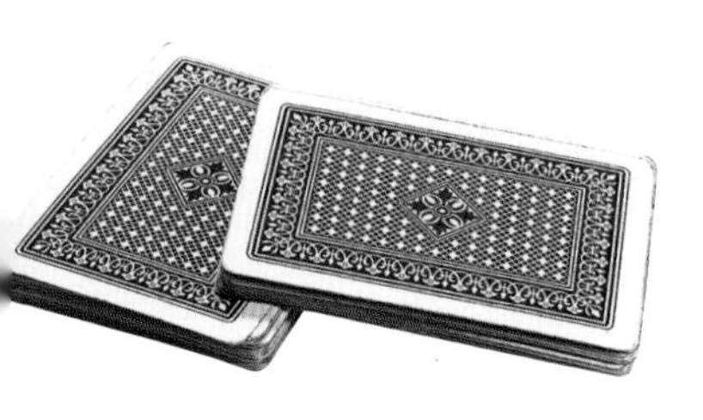

52 张扑克牌在适当地洗牌之后摞起来，每一张扑克牌出现在“最顶端”位置的概率都是 1/52。

每一把都只有 1/6 赢的机会——其本质在数学上可以表达为两个概率相乘：$1/6\times1/6=1/36$——即是说，我们连掷两把骰子都掷得 6 点这一事件发生的概率非常小。

在描述概率事件时，“或”“和”“不”这些字眼的威力巨大，借助它们而形成的概率描述方法可以解决极其复杂的概率问题。

你愿意挑战一下自己的数学天赋吗？假设我们从一副标准的 52 张牌中任取 5 张，5 张都是同一花色的概率是多少？——在扑克玩家的眼里，探索诸如此类的问题，其乐无穷。

总结

当一系列结果发生的可能性相同时，我们用来描述这一事件的数学概念为均匀分布，这是学好概率论的起点。

赌徒破产问题

本节的方程可以解释——为什么最终都是开赌场的庄家稳赚不赔?

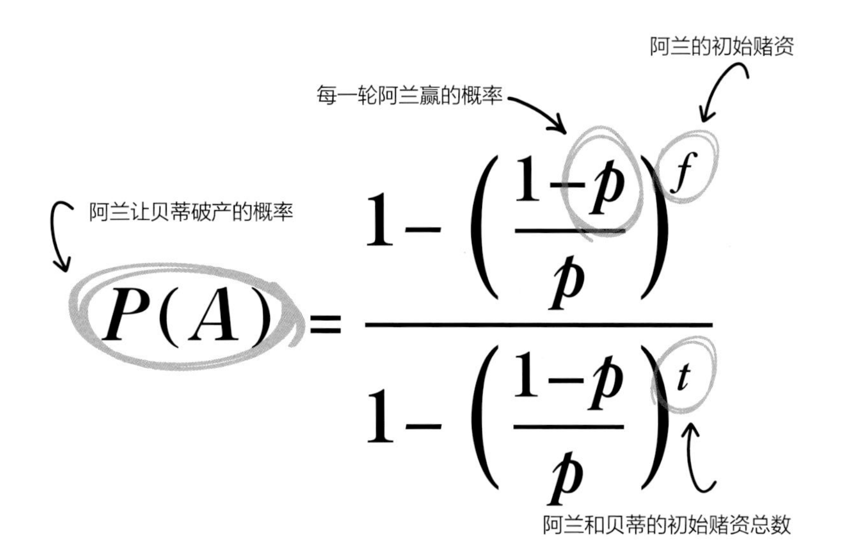

$$P(A)=\frac{1-\left(\frac{1-p}{p}\right)^{f}}{1-\left(\frac{1-p}{p}\right)^{t}}$$

1. 赌徒破产问题的内容

1656 年，法国数学家、哲学家布莱士・帕斯卡（Blaise Pascal，1623—1662）在写给他的合作者法国数学家皮埃尔・德・费马（Pierre de Fermat，1601—1665）的信中，提出了一个至今闻名遐迩的问题，用现代语言来说就是：

假设阿兰先生和贝蒂小姐掷骰子赌博。开始赌博之前，两人各有一定数量的筹码（两人的筹码数量不一定相等），但每一轮的赢方都拿走输方的一枚筹码。假定他们定下的输赢规矩是："每一轮可掷 3 次骰子，看 3 次结果中是否至少有一个 6 点。"如果出现上述结果，阿兰先生赢，他就拿走贝蒂小姐一枚筹码；反之亦然。双方你来我往，你输一次，我赢一次，一直赌到其中一方破产——输光了所有筹码。问题是：阿兰先生和贝蒂小姐两人，其中一人破产的概率有多大？

令人惊讶的是，分析上述问题产生了一个著名的公式，用它计算出来的结果同样令人惊叹不已。如果阿兰先生的筹码比贝蒂小姐的多很多，他就可以一直玩下去，玩多久都无所谓，贝蒂小姐肯定会先破产——只要阿兰先生赢的概率始终比 1/2 多一点点。

几乎所有赌场都是以此原则建立的：赌场储备的资金量大，始终占有一定的优势。这一原则足以保证一个结果，那就是无论赌客赢多少，只要赌场一直开门迎客，开赌场的庄家最终都会把所有赌客的资金收入囊中。

2. 扩展内容

上面描述的赌博游戏可称为马尔可夫过程。我们在本节讨论的公式，可以用来计算概率 $P(A)$，即每一轮阿兰先生赢得贝蒂小姐一枚筹码的概率——假定阿兰先生和贝蒂小姐开始赌博时，各自的筹码数量为定值，那么，当 $P(A)=1$ 时，阿兰先生就终将会把所有的筹码收归己有，贝蒂小姐就破产了，赌博也就结束了。同理，当 $P(A)=0$ 时，这个公式告诉我们，阿兰先生将输完所有筹码并破产。

下面，我们来看看赌博双方的赌资如何影响赌博游戏的结果。假设阿兰先生的赌资比贝蒂小姐的多一点点，这就意味着 $p>1-p$，而这又意味着：

$$\frac{1-p}{p} < 1$$

← 赌场轮盘的规则是：只有出现数字 0 或 00 才算庄家赢。发生这种情况的概率非常小，赌场拥有资金优势，可以保证庄家稳赚不赔。

相应地，这还意味着：当这个不等式左侧的幂指数数值较大时，$P(A)$的值就接近于 0；当这个不等式左侧的幂指数数值较小时，$P(A)$的值就接近于 1。——举例来说明吧，假设阿兰先生的筹码有 100 枚，而贝蒂小姐的筹码只有 10 枚。阿兰先生赢的概率为 51/100，用本节讨论的公式可以得到：

$$P(A)=\frac{1-\left(\frac{0.49}{0.51}\right)^{100}}{1-\left(\frac{0.49}{0.51}\right)^{110}}\approx 0.994$$

上面的复杂描述，其实就是一个分数：分子是用 1 减去一个非常小的数；分母是用 1 减去一个比分子中那个非常小的数稍微小一点的数。而分子、分母相除的结果实际上就接近于 1/1 = 1。这个公式反映的道理简单明了，它的计算结果却让人骇目惊心：如果阿兰先生开赌场，会怎么样呢？假

即使阿兰先生赢下的筹码比开始赌博时还多，他也仍然可能会有麻烦——如果贝蒂小姐的银行存款足够多，一样可以让他输得精光。

设他定的赌规是每一位掷骰子的赌客最多只能买 10 枚筹码，而他自己则以 100 枚筹码坐庄，那他几乎可以让每一个赌客都破产：每 1000 个赌客中，大约只有 6 个可以拿走阿兰先生投注的那 100 枚筹码。来 1000 个赌客，阿兰先生就可以从输的人身上赢得 9940 枚筹码，相较自己输的 6 场赌局——输掉的筹码只是“九牛一毛”了。

需要注意的是，在绝对公正的条件下，这个计算输赢概率的公式就毫无意义——当分母为 0，分式还有何意义？这就是所谓的“坏事件”。在此情况下，本节的公式可以写为：

$$P(A) = \frac{f}{t}$$

若如此，这个公式告诉我们的事实极为简单：阿兰先生赢的概率等于他的赌注在所有赌资中所占的比例。

总结

你拥有的钱越多，你最终就越有可能赌赢，原因极其简单：你的钱多一点，你在赌博中坚持的时间也就久一点。

贝叶斯定理

假设你所担心的罕见病经可靠的检测结果为阳性，你会感到恐惧不安吗？

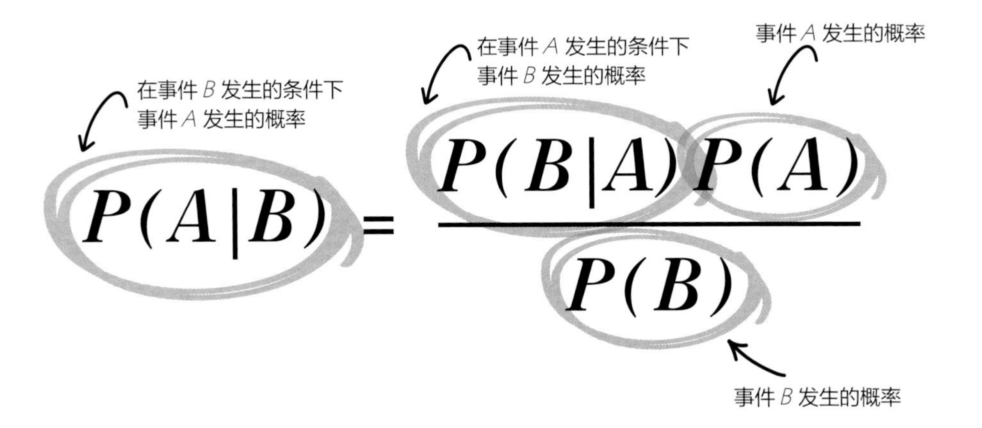

1. 贝叶斯定理的内容

假设医生给我体检后发现，我身上表现出来的症状只有 1% 的人群才会有。因此，医生怀疑我得了某种罕见的疾病。医生检查的准确率为 99%，也就是说，对于那些患有此病的人而言，检查结果 99% 呈阳性；反之，检查结果 99% 呈阴性。我的检查结果是阳性的，所以，我应该为此而感到恐惧不安吗？

我似乎应该感到恐惧，毕竟医生检查的准确率那么高。之后，我又去找其他医生做了复查。令人宽心的是，复查结果为阴性，表明我没有得什么罕见病，什么毛病也没有！可是，第一次检查和复查的结果完全不同，我应该相信哪一次？

贝叶斯定理告诉我们，即使医学检查可靠、结果呈阳性，我们患病的概率也只有 50%！大多数人都觉得这个定理不同寻常但极为有用，一大原因就是我们凭直觉作出的判断实在是太糟糕了。

这并不是说医学检查结果是否准确不重要。在上述情形下，医生复检时出错的概率较小，检查结果又为阴性，所以，我应当对自己没有生病抱有十足的信心。医生两次检查的结果没有数学意义的对称性，其原因在于我们患上罕见病的概率极小。倘若我们不了解贝叶斯定理，就难以正确地判断自己患病的概率。

2. 贝叶斯定理的重要性

在生活中经常需要作出判断，而贝叶斯定理可以帮到我们的情形是：在某一事件发生的前提下另一事件发生的概率。这句话有点让人发蒙，但这类情形在真实的生活场景中时有发生，相关的新闻报道我们也一定有所耳闻。

2012 年美国总统大选时，年轻的美国统计学家纳特·西尔弗（Nate Silver，1978— ）着实风光了一番，他成功地预测出了美国 50 个州和哥伦比亚特区的投票结果——用来预测的利器正是贝叶斯定理。在法庭上辩驳定罪证据，尤其是与 DNA 鉴定有关的证据时，控辩双方也常用贝叶斯定理来进行有罪、无罪辩护，甚至滥用了它。

再举一个生活中的例子——电子邮箱使用的垃圾邮件过滤器也与贝叶斯定理有关。过滤器首先收集一系列垃圾邮件的常用词汇，再设定将邮件处理为垃圾邮件的概率，其表达式为“若邮件中含有某个垃圾邮件词汇，那么，此邮件即可被视为垃圾邮件处理的概率为 X”。然后，过滤器根据邮件用到的词汇计算出概率 X。过滤器还可以根据

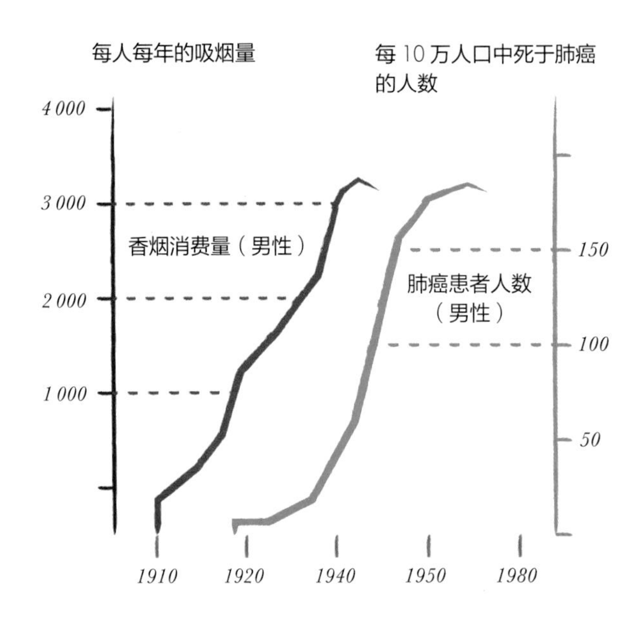

← 1951 年，美国生物统计学家杰尔姆·科恩菲尔德运用贝叶斯定理研究发现，吸烟与导致肺癌之间存在可能的因果关系。

我们接收到的邮件，不断地修正垃圾邮件词汇词库与概率X，并进行拦截、删除等操作。语言学家可以根据垃圾邮件过滤器相同的工作原理来编制软件，让计算机做不少处理自然语言的事情，比如对自然语言文本进行分析、语法解析或再生成等。

心理学家、民意调查分析师、遗传学者、物理学家、电脑“黑客”、公司董事、军事战略研究员和间谍等，也常常用到贝叶斯定理。第二次世界大战中，盟军破解德军使用的恩尼格玛密码机时，贝叶斯定理同样大显神威。1951 年，美国生物统计学家杰尔姆·科恩菲尔德（Jerome Cornfield，1912—1979）运用贝叶斯定理研究发现，吸烟与导致肺癌之间存在可能的因果关系。或许，正因为贝叶斯定理在历史上的作用如此显赫，哲学家也用它来思考世界。

事实上，与本书讲到的其他方程相比，贝叶斯定理方

↑ 贝叶斯定理犹如一颗闪耀的明星，在破解德军使用的恩尼格玛密码机的战斗中起到了决定性作用。它与本书谈及的其他几个方程一样，为反法西斯战争胜利作出了卓越贡献。

程可能是独一无二的，为我们搭建的思考框架也是极其怪异而费解的。同时，该定理自诞生以来，又一直备受争议。争议的焦点不在于方程是否正确，而在于如何理解方程，以及我们计算的概率到底是什么——不断地拷问这些问题，会把我们的注意力引向哲学领域，这就超出本书探讨的范围了。然而，我们应当注意，在这个相貌平实的方程背后，其实蕴藏着极其深刻的道理。

3. 扩展内容

在计算概率时，我们时常受到已有认知的影响。譬如，在掷骰子游戏中，我如果把掷得的骰子点数藏起来不让你看见，却让你猜测我的点数是不是 6 点。你怎么猜呢？根据你已有的认知，我每一次掷得 6 点的概率为 1/6（参见第 144 页）。假如我再告诉你，我的点数为偶数，你会不会觉得我的点数为 6 的概率更大一些了呢？贝叶斯定理意欲解决的问题是：假定你已知我的点数是偶数，那么，你猜中是不是 6 点的概率有多大？

或许，你可以凭直觉猜中是不是 6 点，但我们也可以用贝叶斯定理来一步步地演算：

$$P(6,\text{已知点数是偶数})=\frac{P(\text{偶数},\text{已知点数是}6)P(6)}{P(\text{偶数})}$$

显而易见，已知点数是 6 的前提下，点数为偶数的概率是 1，因为数字 6 本来就是一个偶数！假如骰子没有问题，那么，每次得到 6 点的概率为 1/6；得到点数为偶数的概率为 3/6 = 1/2，一枚骰子 6 个点数中不是有 3 个偶数吗？

所以，经过简单的分数运算，我们得出：

图中女士习惯用左手的概率有多大？这取决于我们的已知信息有多少。

$$P(6, \text{偶数}) = \frac{1 \times \frac{1}{6}}{\frac{1}{2}} = \frac{1}{3}$$

通常情况下，上述举例中的概率我们用 $P(A \mid B)$ 来表述，读作“在事件 B 发生的条件下事件 A 发生的概率”，此类研究涉及的概率被称为“条件概率”，而贝叶斯定理是推算条件概率时最重要的基石之一。

计算在事件 B 发生的条件下事件 A 发生的概率时，我们有一个应用贝叶斯定理的标准方法。

如果事件 A 尚未发生而事件 B 已经发生，那么，事件 A 和事件 B 共同发生的概率即使是我们感兴趣的，也不完全是我们想要知道的，因为在事件 A 和事件 B 共同发生的联合概率中，包含了已经发生的事件 B 的概率。但是，已知事件 B，我们就可以排除不确定因素了。因此，我们有了以下数学家定义的 $P(A \mid B)$：

方程 1

$$P(A \mid B) = \frac{P(A \text{ 且 } B)}{P(B)}$$

很多时候，人们判断失误都是因为混淆了 $P(A \mid B)$ 和 $P(B \mid A)$。根据上面的方程 1，$P(A \mid B)$ 指事件 A 在事件 B 发生的条件下的概率，$P(B \mid A)$ 指事件 B 在事件 A 发生的条件下的概率，两者是不一样的。混淆二者被称为“条件颠倒错误”，在不同的学科领域都时有发生，尤其是在刑事诉讼中对法庭证据进行司法推理时，人们常常误用贝叶斯定理应用的标准方法，进而把许多案子办成了错案。

在“证据不一致”的条件下“被告有罪”的概率，与在“被告有罪”的条件下“证据不一致”的概率是不一样的。两相比较，更常见的情形可能是，明知“证据不一致”，当事人及证人的描述存在明显不符，但仍旧判定“被告有罪”。由此可见，假如执法者混淆了 $P(A \mid B)$ 和 $P(B \mid A)$，将会出现判断失误，进而错判案件，影响司法公正。

你或许会问：假如事件 A 和事件 B 毫无关联，其条件概率又将如何呢？

让我们来打个比方吧——假如今天是星期二，你随机遇见的人是左撇子的概率为多少？今天是星期几，你遇到左撇子的概率会有所不同。但在绝大多数情况下，这两个事件在统计学家眼里属于“独立事件”，因为“独立”二字，这话的意思就再明显不过了——你是否遇到左撇子与今天是星期二还是星期几毫无关系，反之亦然。用数学公式可以表达为 $P(A \mid B)=P(A)$，其解释为：在今天是星期二（事件 B）的条件下，你随机遇见的人是左撇子的概率，等于你随机遇见的人是左撇子的概率。在此等式中，事件 B（今天是星期二）是毫无关联的部分，它完全不支持具有某种属性（随机遇见的人是左撇子）的事件 A。

关于独立事件的条件概率，我们最好从贝叶斯定理定义的条件概率来理解。改变方程 1 中的字母位置，我们可得：

方程 2：

$$P(B|A)=\frac{P(A\text{ 且 }B)}{P(A)}$$

此外，将方程 1 整理可得：

$$P(A|B)P(B)=P(A\text{ 且 }B)$$

将这个等式套入上面的方程 2 可得：

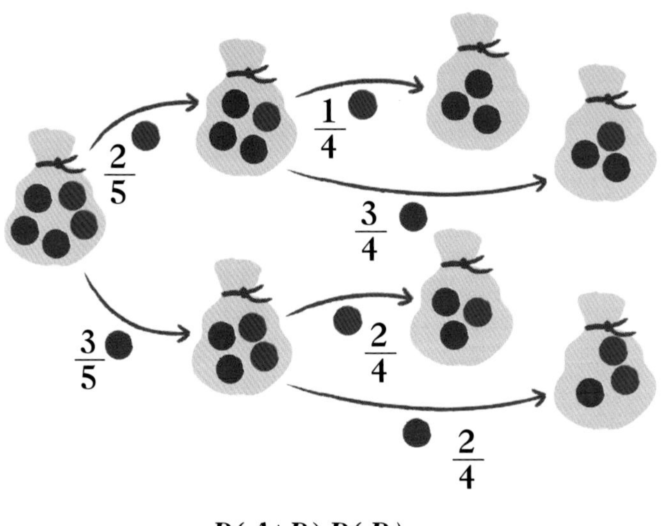

← 假设袋里有三个红色小球、两个蓝色小球，伸手进去顺次摸两个小球出来，那么，你第把摸出一个红色小球的概率为 3/5。如果你道上一把已经摸出了蓝色小球的话，摸出红小球的概率就上升到了 3/4。

$$P(B|A)=\frac{P(A|B)P(B)}{P(A)}$$

由此可见，贝叶斯定理真的不神秘——它依据条件概率的定义和代数知识来计算概率。然而，我们大多数人又都觉得贝叶斯定理实在让人费解，不易抓住实质。或许，正因为如此，我们很多人在思考、计算概率问题时，常常思路不清，败得惨不忍睹。

下次如果有人告诉你，我们把握的信息可以改变事情发生的概率。此时你应该问一下自己：这个判断用到贝叶斯定理了吗？用得对不对呢？

总结

如果已知在事件 B 发生的条件下事件 A 发生的概率，就可以用贝叶斯定理来计算在事件 A 发生的条件下事件 B 发生的概率。但在运算中，有关事件 A 和事件 B 的其他信息，同样至关重要。

指数分布

我们可以预测候车、涨工资、流感流行、地震爆发的时间吗?

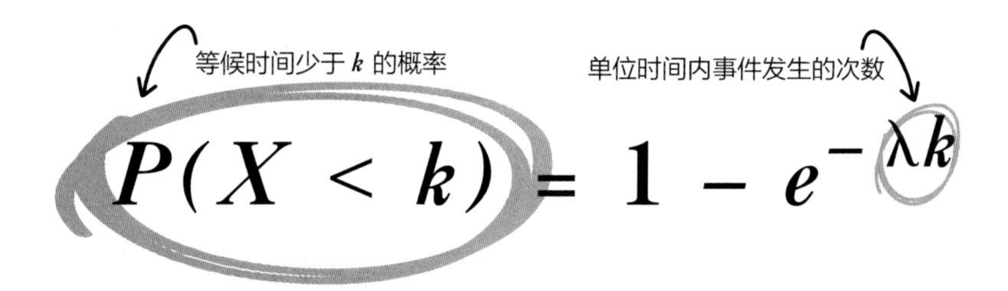

$$P(X < k) = 1 - e^{-\lambda k}$$

1. 指数分布的内容

让我们想象一下等待公交车的情景吧——在某一处公交车站，按交通时刻表每隔 12 分钟就应该有一辆车进站。可我们知道，由于各种原因，行驶在路上的公交车可能会有延误，我们其实不能肯定下一趟车何时出现。然而，公交车是按时刻表从远处的公交总站发车的，如果时刻表上写着每小时有 5 趟车，那么在一小时内，我们就可以期待有 5 辆车出现。问题是，下一辆车在 5 分钟内出现的概率有多大？指数分布可以给我们答案。

在本节讨论的方程中，参数 λ 表示公交车进站比率。在上例中，每小时 5 趟车，即每 12 分钟就有一趟车发出，所以 λ=1/12，它意味着平均每一分钟有 1/12 辆车进站，这个 1/12 辆车听起来是不是很奇怪？另外，方程中的 k 值为分钟数。我们用这个方程，就可以算出在 k 分钟内赶上车的概率。再以上面的例子来说，下一辆车在 5 分钟内出现的概率为 34%，而 12 分钟后我们赶上车的概率只有 63%——

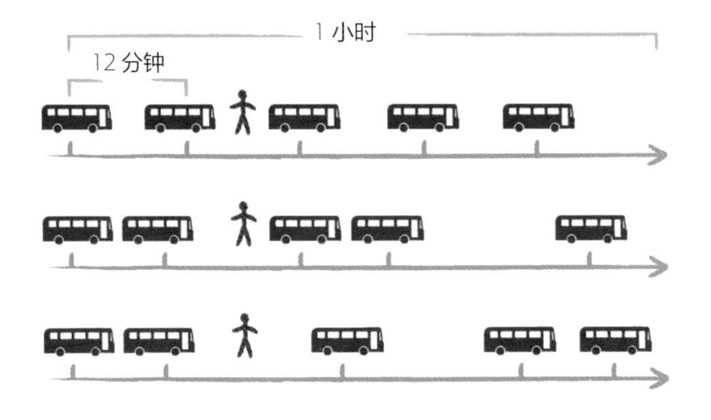

← 一小时内 5 辆公交车分布在路上的情形存在种可能性，从左图所示 3 种情况可以看出，交车在路上的分布情形不同，候车时间也会相径庭。

这是不是令你十分惊讶？

更惊讶的事情还有呢！假设你在那儿已经等了 10 分钟，还是没有看见一辆车的踪影，那么，公交车在下一个 5 分钟内出现的概率有多大？还是 34%。换言之，无论你什么时候到达车站，也无论你在那儿已经等候了多久，这没有什么本质上的区别，你在下一个 5 分钟内可以赶上车的概率始终是一样的。

2. 扩展内容

再假设：我在车站候车，你从窗口观察我。当然，除了坐观我候车，你还有其他有意义的事情要做，不可能一直盯着我，所以，你每隔两分钟查看一下，看看我是否还在车站那儿。在这种情形下，你可以估计我候车的时间，甚至可以将我候车的时间精确到两分钟以内。在我赶上车之前，你可能需要观察 n 次——如此，我候车的时间共计为 $2n$ 分钟。用所谓的指数分布可以表示为：

$$P(X=n)=\frac{\lambda^{n}}{n!}e^{-\lambda}$$

其中，λ 表示平均每两分钟进站的公交车数量。再以指数分布可用来预测与候车相比更为罕见的自然灾害。

前文为例，这个分数在这儿就为 1/6，意味着每两分钟里有 1/6 辆车进站。

那么，假设你每隔一分钟就查看一次，结果又会怎样呢？结果是你可以更精准地算出我的候车时间。你还可以再调整观察的时间间隔：每隔 30 秒、每隔 10 秒、每隔 1 秒、每隔 0.1 秒……而且，从理论上讲，这样的调整可以一直进行下去。其结果是，你估算出来的候车时间会越来越接近于一个准确的真值，即我实际用来候车的时间。

那么，那个准确的真值是多少？这就可以用极限来求解了：你从窗口观察我的时间间隔趋于 0，这意味着，此刻你不是一次又一次地抬起头来进行重复观察，而是坐在那里连续观察。这就是指数分布。

总结

一个简洁的方程，描述了在给定时间里不确定事件发生的概率。

大数定律

我们或许能够一次、两次地得到幸运的眷顾，但是从长远来看，我们撞大运的次数终将归于平均数，是这样吗？

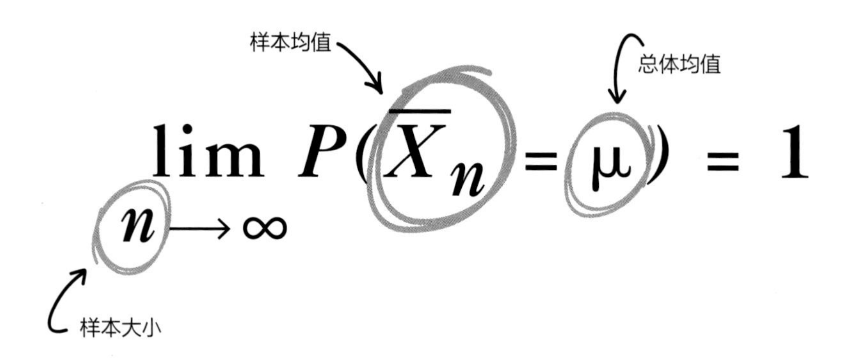

1. 大数定理的内容

怎么知道 *A* 国的老百姓在某一天平均带了多少现金在身上呢？当然，这只是我们想象的一个实验问题。*A* 国人口众多，所以解决问题的办法之一是选取样本——随机选择一组民众，让他们把各自的钞票从口袋里掏出来放在桌上，然后再把那一堆钞票按人头平分。在此情形下，样本组里每个人带的现金相等，或许大家平均只有几枚硬币，但每个人平均携带的现金不就应该是一个平均数吗？

通常情况下，为了求得任意一组数据的平均数，我们做的事情千篇一律：就是将其单个数据逐一相加，再“平均分配总数”，即以全部数据的总和，除以一组数据的个数。此法简单，却广泛运用于科学、商业、政治及其他不同领域。

以上方法计算出的结果被称为“样本均值”。在上例中，我们算出的是样本组里每个人在某一天平均携带的现金量，但并不是 *A* 国人均携带的现金量。从直觉上讲，我们在样本组里包含的人数越多，实验结果就会越精准。真的是这样吗？

是的。毋庸置疑。大数定律告诉我们，样本均值会随样本数量增加而趋于某个极限，这就是统计学中“总体”的真正含义——也就是说，用于估算的样本数量越大，我们获得更精准结果的概率就越大。

2. 扩展内容

现在让我们想象一下，假如把上述实验样本组的人数扩大，扩大到 *A* 国的所有人，又会出现怎样的情形呢？显然，样本组里每增加一个人，对实验的总体效果就会有稍许的影响。同时，*A* 国人口总数是有限的，所以，只要我们有足够的耐心，就可以把全国所有人一个一个地添加到样本组。如此一来，我们得到的样本均值就等于总体均值——样本组包

掷骰子很多次后，我们掷到的点数平均算下来接近总体均值 3.5。

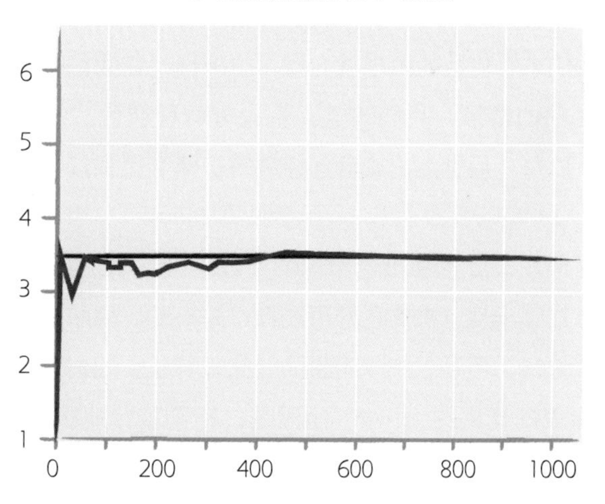

↑ 17 世纪的赌博热，促进了概率论的产生乃数定律的发现。

括了所有人，其实就是全国的总人口。

然而，实验的麻烦还是有的。当人口总数极大甚至无限大时，或者，当求平均数的实验对象在时间跨度上极其分散时，我们求平均数的困难就会增大。下面，让我们来分析一下轮盘赌的情形。我们知道，轮盘有两种颜色，红色和黑色，所以每一局里无论轮盘怎样旋转，赌客得到红色的概率接近 1/2（实际概率小于 1/2，参见第 148 页）。当然，在较短的时间里，红色和黑色出现的次数不会均匀地各占 1/2：比如，连续出现三次红色的可能性也是有的，偶尔出现也不会令人惊讶。但是，如果观察的时间足够长，我们就会发现红色出现的概率约为 1/2。原因是：轮盘旋转的次数增加，样本均值就很有可能接近总体均值。

但是，赌客应警惕“赌徒谬误”！赌客普遍抱有一种心理，以为自己这次没有得到红色，下次得到红色的机会就会随之上升。但是，即使连续3次掷到了黑色，大数定律也没有告诉我们接下来就一定能够得到红色。轮盘的每一次旋转都是一个独立事件，得到红色或黑色的概率大约都是1/2。大数定律说的是，从轮盘转动很多次的结果来看，样本均值应当逐渐趋于1/2，但它既没有说每一次轮盘转动的结果，也没有说平均数要经过多长的时间才会趋于期望值。简单地说，掷一次骰子，是一个独立事件；再掷一次骰子，又是一个独立事件。如果赌客将每一次独立的投掷当成有关联的，就在思想上犯了赌徒谬误，其结果是要么带着巨款离开赌场，要么输得连裤衩都不剩！这就是所谓的赌博神话。

然而，就轮盘赌的情形而言，我们并不知道最终会转动多少次，那么，我们为什么会设定其总体均值为真值？问题是，轮盘赌的总体平均值真的“存在”吗？如果将“存在”一词置于令人生畏的警句中，我们讨论的其实就是哲学问题了。统计学家接受大数定律，将其视为具有数学意义的事实，但是他们可以，而且，他们的确不赞同这个方程具有真正的意义。

总结

就任何不确定事件而言，尝试的次数越多，结果在总体上就越接近于均值。

正态分布

正态分布对实际生活的诸多方面，包括拿破仑时代的官僚体制、现代信用衍生产品的定价等，都有着重大影响。

a、b 之间事件 X 的概率　　均值

$$P(a \leqq X \leqq b)=\frac{1}{\sigma\sqrt{2\pi}}\int_a^b e^{-\frac{(x-\mu)^2}{2\sigma^2}}dx$$

标准差

1. 正态分布的内容

假设你是一名生活在 18 世纪的普鲁士将军，为了弄清楚全国有多少人可以征兵以组成大规模的军队，你随机召集了一群可以打仗的适龄男子，将他们编成样本组来测量他们的身高、体重、卧推等项目——我不知道是不是需要测卧推，我只不过是打了个比方。

单就身高而言，我们可以预测的是，一群人的身高在总体上接近于平均身高。当然，会有几个高一点、有几个矮一点，但相对而言，我们不会特意地去测量那些身材特别高或特别矮的人。换句话说，我们期望样本组的身高数据体现为一条隆起的线条，绝大部分数据居中，少量数据向两边扩散。

正态分布可以将我们期望的数据分布化为有形，身高数据可作为随机变量。由于是随机征兵的，所以新兵的身

人们有时会美化数据，使之拟合随机变量的正态分布规律，否则，一眼就可以看出数据出错了。

高会发生什么变化不可预测，但变化情况可以用正态分布来描述，并通过计算概率来回答诸如此类的问题：随机招来的一名新兵，身高超过 1.8 米的概率有多大？比平均身高矮 10 厘米的概率有多大？个头没有火枪高的新兵的概率有多大？——或许，在实际的征兵中，不会考虑最后一个问题吧。

2. 正态分布的重要性

统计学的起源与政府工作有关。人们最初统计数据，是为了回答皇族王公、朝廷大臣的问题：自己统治下的臣民，健康状况如何？生产率提高了还是降低了？在拿破仑时代，统计学被广泛地用来为其官僚体制服务。从那以后，各国政府都非常注意收集、分析各种各样的有关本国民众的数据。人们发现，这些统计数据通常呈现出（至少表面呈现出）正态分布。

可是，关于正态分布的缘起，还有一个完全不同的版本。天文学家很早以前就意识到了天文观测存在犯错的概率，但是直至18世纪，他们才开始借助于新兴的概率论来深入地思考相关问题。或许，天文学家观测错误的后果并不严重，但他们可以根据相关错误的统计分析，去判断测量工具是否存在偏差。

采用重复观察法之后，尤其是在不同的观察者和观测工具被纳入观察范围之后，天文学家总是能够排除某些特殊原因导致的观测错误。由于不能排除全部错误，所以，天文学家期望他们的观测结果，能够以一个均值为中心服从我们今天所谓的正态分布，而这个均值就是他们试图通过观测得到的真实值。尽管不能确保排除全部错误，正态分布提供的方法，却可以帮助天文学家找出测量误差的规律趋势，并以此为依据去查找导致观测工具误差的原因：如果某一原因在两三次观测中出现的趋势偏高，那么，这一原因在所有观测中出现的平均概率，也可能会偏高。

这就是所谓的“误差正态定律”。它不仅仅在科学领域占有重要地位，还被广泛地用于其他学科领域。除了我们已经谈到的人口统计学，还有自然科学、社会科学和其他学科，也会用到正态分布。

可别忘了重要的一点：正态分布在许多情形下都一直被用作近似模型。大多数数据通常情况下应服从正态分布，概率分布本该如此。在一些标准化测试中，测试分数的分布明显应该服从于正态分布。标准化考试旨在控制考试误差，所以，在特定的应试人群中，一些考生可能具有某方面的优势，另外一些考生又可能在某方面处于劣势，但无论怎样，他们的“分数曲线”都应该服从正态分布。在其他考试中，阅卷者可能存在无意识的偏见，可能会依据“感觉是对的”或“感觉是错的”来判分，所以，即使他们的分数接近于

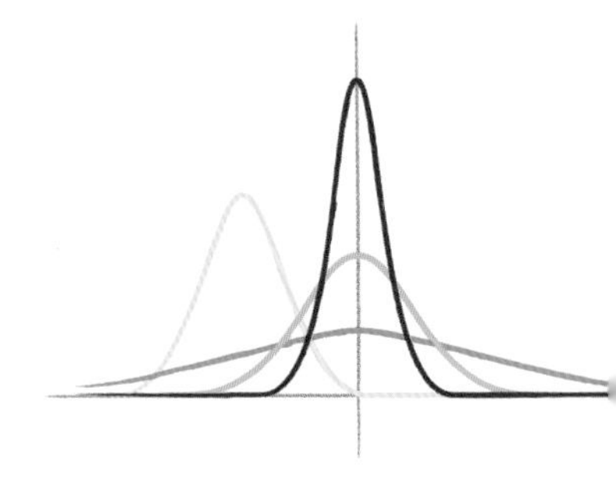

↑ 正态分布曲线的对称轴是样本的平均值，调平均值可使曲线向左侧或向右侧平移；调整准差可以使曲线“变瘦”或“增胖”，故可不同的建模来分析不同的数据。

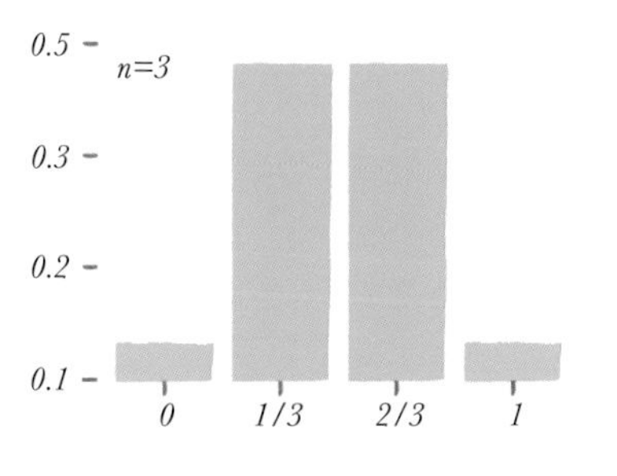

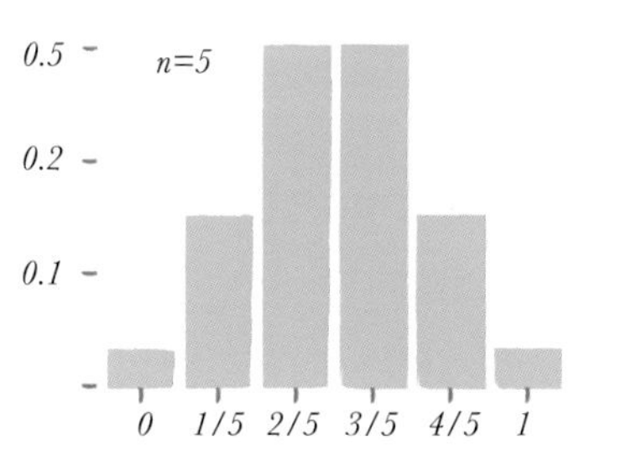

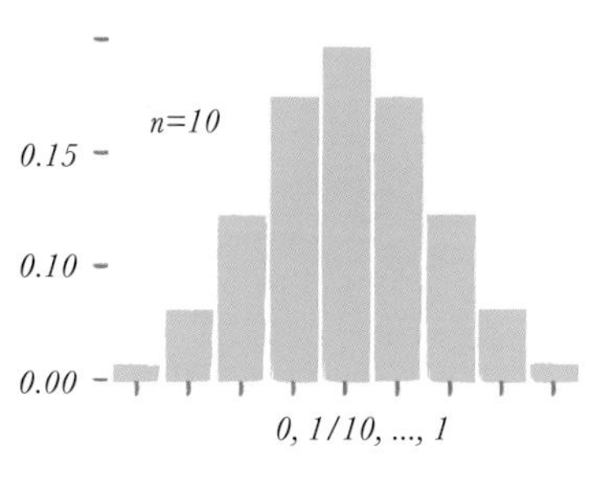

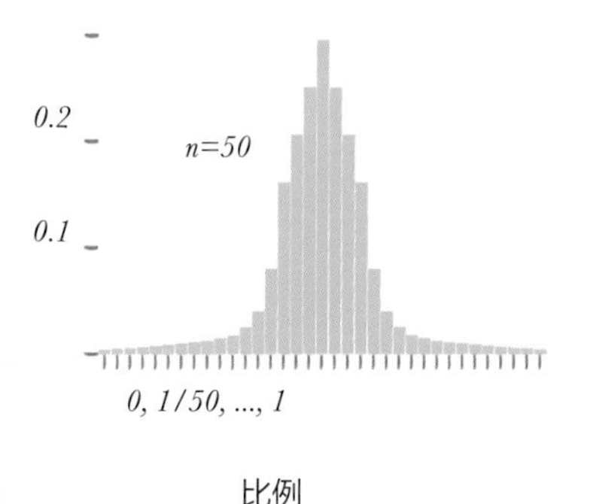

比例

当实验数据趋于无穷时，二项分布趋于正态分布。

正态分布，也没有任何意义。

人口寿命也被认为是正态分布，这就实在令人费解了。在统计人口寿命时，我们设定了人口平均年龄，假定有些人比平均年龄活得久一点，有些人活得短一点。但是，遗憾地讲，人口平均年龄不是真实值：有些人还没有活到平均年龄，就死于疾病、事故或暴力行为等意外事件，应该如何统计他们的寿命？为什么我们在统计实践中，要给他们贴上"意外丧生"的标签而单独处理呢？

3. 扩展内容

正态分布方程相貌怪异，原因在于它必须满足极为怪异的标准。正态分布不是用来计算特定数据的概率——随机招兵时，一名新兵身高刚好为 1.8 米的概率有多大？用方程来计算，其概率为 0——这听起来又有点像是奇谈怪论了。请注意，我们指的是刚好 1.8 米，不是 1.81 米，不是 1.801 米，甚至不是 1.800000001 米！我们的测量不可能做到无限精确，所以，上述问题本身就问得没有道理。

我们应该询问诸如下面的问题：随机招兵时，一名新兵的身高在 1.75—1.8 米的概率有多大？测量身高与清点班里孩子的人数不同，测量身高得到的数据具有连续特性，清点人数得到的则是离散的数字。所以，我们最好用数值区间来讨论具有连续特性的数据。

正态分布可以用来回答上述数值区间的概率问题，为了讲清楚其中的道理，让我们画一张草图：假设 x 轴表示身高值，y 轴表示用正态分布公式算出来的概率分布值。令人放心的是，我们画出的图正是一条隆起的曲线，其峰值代表平均身高。

接下来，我们在曲线上画出感兴趣的身高值，而这些数值在曲线下面对应部分的面积，可以用微积分（参见第 32 页）求出。就一名随机招募来的新兵而言，他的身高值一定会出现在曲线下的某块区域里。换言之，曲线下区域总面积就应该等于 1。

然而，一般而言，正态分布并没有最大值和最小值：它的确允许有极端意义上的正值和负值，但非常极端的正值和负值，又不大可能是真实的，没有人身高 3 米，也没有人身高为 0，更没有人的身高为负数，这就是身高值并不服从正态分布的原因之一。但用曲线的平均值估计总体平均值又是没有任何问题的。基于以上原因，正态分布的定义或多或少有些拗口：它是一条向两端无限延伸的曲线，但不会与 x 轴相交，且曲线下的总面积为 1。

概率分布不胜枚举，正态分布以特殊方式从别的形态升华而成，在统计学上占有特殊的地位。想象一下抛硬币的情形吧：抛到正面或反面的概率是均匀分布的（参见第 142 页）。那么，我们抛 10 次硬币，数一下抛到正面头像的次数，有多少次呢？

重复抛硬币这种实验的结果服从所谓的二项分布。如果你重复多次，你就会发现抛到硬币正面头像的平均次数是 5 次，其他的次数如 3、6 等则出现在两边——这是不是给人一种似曾相识的感觉呢？再做个实验：把硬币抛 100 次，统计一下抛到正面的次数，然后再抛更多次，会有什么结果？可以肯定，其结果看起来更像正态分布。事实上，所谓的中心极限定理告诉我们，这样反复地抛硬币，反复的次数越多，抛到正面头像的概率曲线就越接近于著名的钟形曲线，也就是正态分布。

抛硬币似乎与正态分布没有关联，但通过抛硬币实验，高尔顿钉板装置可以利用简单的物理现象拟合二项分布。

我们又可以了解正态分布，这多么令人惊奇啊！尽管抛硬币实验的结果是技术性的，但这可以帮助我们轻松地理解下面这句经典的话：

只要每一次测量都是独立的事件，那么，反复测量的结果终将证明，随机变量总是被一双无形大手推向正态分布——这好像是统计学上难以逃脱的一个黑洞。

总结

正态分布方程相貌怪异，但非常实用，可以解释很多现象，也常被滥用。

卡方检验

卡方检验是一种常用的方法，可检验概率分布与实际数据的契合程度。

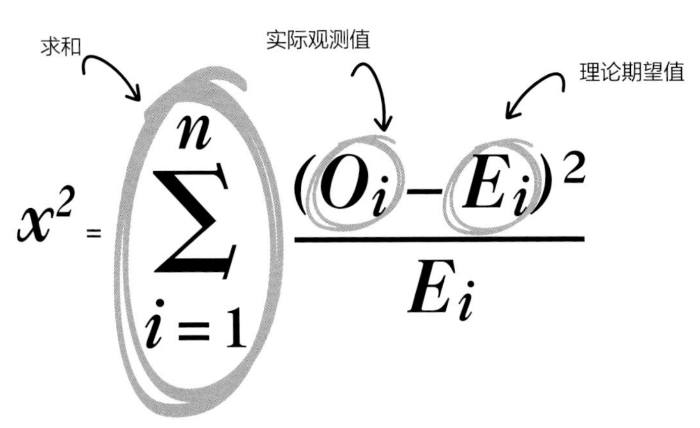

1. 卡方检验的内容

在棋盘游戏中，双方总是相互猜疑：我担心你作弊，怀疑你用了灌了水银的骰子；你对我也存有相同的疑虑。如果我俩谁都没有作弊，那么，掷到的骰子点数应该是均匀分布的（参见第 142 页）。虽说掷到每个点数的概率相等，却并不意味着每个点数实际出现的次数是均等的。即使你我都没有在骰子上做任何手脚，你今天的运气也可能比我好一点。如果我的手气实在太背，提出交换骰子，你可能会很生气，会质问我有何怀疑的根据？——问心有愧的人总是先声夺人，想在气势上压倒对方。所以，除了主观臆断之外，我还真的需要找到更好的办法来解决上述问题。

此时此刻，卡方检验就可以派上用场了！不说别的，卡方检验至少可以让我大致了解你用的骰子有没有毛病——我需要做的，就是分析一下你每一轮投掷时骰子点数出现的情况。

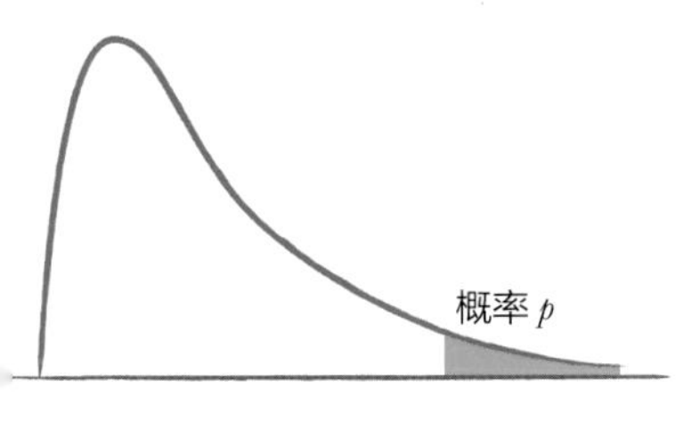

卡方分布：曲线下区域的总面积等于 1；观测数据与实际数据不吻合的概率在图中表示为右边的阴影部分。

2. 扩展内容

卡方检验比较的是我们观测到的事件出现的频率，与期望的频率分布之间是否有偏差。检验值数字本身意义不大，但我们可以根据它来作出大致的判断。只有将骰子点数实际出现的情况与我们认为应该出现的情况比较之后，我们才能对自己的判断做到心中有底。

让我们举例说明——假如你掷出的点数为：6，3，4，4，6，1，5，2，1，6，6，6——最后那个 6 点正是压垮我信任的最后一根稻草：你今天掷到 6 点的次数太多了！如果骰子本身有问题，那么，我们就可以假设这个骰子的点数不服从均匀分布，我们需要做的就是检验自己的假设。与这个假设相反的，是所谓的“零假设”，即骰子本身没有任何问题，骰子点数正常出现。为了进行卡方检验，我们可以设定一个数值，将其称为 p 值，而 p 值的大小决定了我们有多少信心去判定骰子是否有毛病。卡方检验时涉及较多的计算，因此，通常情况下检验可以用印好的表格或计算机来处理。

至此，让我们检验一下上例中的骰子的 12 个点数，在骰子正常的情况下，我们可以期望每个点数出现 2 次，按照本节提供的卡方检验公式，我们将实际观测到的每个点数出现的情况填入 Oi 位置，就可以将它们与期望值 $E_i = 2$ 作比较，从 1 到 6 把所有情形加起来：

$$\chi^2 = \frac{(2-2)^2}{2}+\frac{(1-2)^2}{2}+\frac{(1-2)^2}{2}$$

$$+\frac{(2-2)^2}{2}+\frac{(1-2)^2}{2}+\frac{(5-2)^2}{2}$$

$$=\frac{1}{2}+\frac{1}{2}+0+\frac{1}{2}+\frac{9}{2}=6$$

↑ 卡方检验表明了推测的概率分布与实际数据间的契合程度。

结果为6。那么，这个结果6意味着什么？查一下卡方值表中6对应的位置，可知，其符合均匀分布的概率。在上面例子中，我们就没有充分的理由去拒绝零假设的情形，因此，我应该因为我的猜疑向你说声道歉。

这种假设检验的方法在统计学上应用广泛。以掷骰子游戏来解释它并不完美。你也可能真的用了灌了水银的骰子，我所做的检验仅仅说明，你用一颗正常的骰子是可以掷出那一组点数的，所以，我不能对你妄下雌黄。其实，统计学上对卡方检验方程也有诸多争论：人们设计出来的这个方程，根据的是常识或人人都具备的相似的理性标准，而非根据纯数学的严谨推理。

总结

卡方检验方程可以检测实际观测数据与某一特殊概率分布之间的契合程度，其方法是将观测到的不契合情形相加。

秘书问题

假如你负责招聘员工，你要面试多少个求职者才会决定录用一人？

面试 x 个应聘者之后的下一个为最佳人选的概率

$$P(x) = -x\ln(x)$$

1. 秘书问题的内容

有的人患有严重的决策困难症，作个决定比登天还难。外出就餐遇见患有“决策困难症”的朋友，你有没有经历过？你和你的朋友想要相约小酌一杯，你们首先得找一家中意的餐馆。你们一家家地找，一家家地比较，走大街、穿小巷，结果发现有的餐馆菜品不错，有的餐馆环境不错。好不容易你发现一家看起来挺不错的法式小餐馆，可是你的朋友还想再找找看——说不定拐角就到一家菜品丰富、环境优雅的餐馆了呢？所以，尽管你已经饥肠辘辘，但你还是拖着疲惫的身体和你的朋友又向下一家走去。你和你的朋友相互商量，再遇到一家餐馆，无论好坏都坐下来不走了，决不回头再去已经去过的餐馆了。找餐馆的时间比用餐的时间花得还多吧。

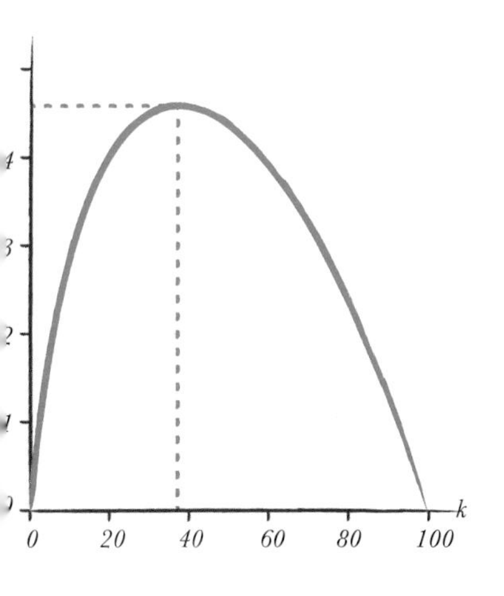

图中水平坐标轴代表下一家餐馆是最佳餐馆时走过路程的百分比，垂直坐标轴代表选择最佳餐馆的概率。在初始阶段，你走的路多一点，你的概率就大一点。但是，当你走到全程的 $1/e$ 处，表示概率的曲线达到峰值，然后就一直处于下降状态。

然而，许多决策在本质上都是这样在选择和比较中作出的。比如，你为公司招聘员工，求职者排起了长长的队伍，可是在你面试完所有求职者之前，你可能就需要作出决定

← 在商场、战场乃至赌场，人们普遍遵循的原
是降低风险、提高收益。哪怕是简单的拉米
戏也是如此。决策论旨在帮助我们思考决策
情形及后果。

了，你甚至还没有见到有些求职者，就已经决定把岗位给谁了。面试所有求职者是有成本的：求职者花了时间等待，面试官又迟迟没有确定合适人选。

在数学家眼里，面试择人的问题有一个响亮的名字——“秘书问题”。面试择人与选择餐馆略有不同。面试官通常会在面试完一批求职者之后，才会从中挑选、录用自己中意的求职者。换言之，面试官可以逐个面试完所有求职者之后才作出决定，但是你可能把当地所有餐馆都挨个比较一番吗？为了简化问题，我们假定面试官必须现场决定是否录用某一位求职者，或者，我们假定你一遇到餐馆就坐下来用餐而不能走回头路。那么，问题来了：你如何保证自己找到最满意餐馆的概率最大？

2. 秘书问题的重要性

作出决定异常艰难。选择就餐地点，或举棋不定，或当机立断，皆非生死攸关。但在别的语境之下，选择错误就可能付出惨重的代价。生意上犯错损失的只是金钱，但在政治上、军事上犯错，付出的代价可能就是鲜活的生命。

数学家乐于助人，总会倾其所能来帮助我们作出正确的决定。他们告诉我们，作出正确选择的唯一办法是检验、比较所有的可能性。但“检验、比较所有可能性”几乎就是不可能的啊。因此，在通常情况下，我们要么因难以选择而随意选择，要么因无从选择而放弃选择。可是，除了随意选择和放弃选择之外，还有没有其他更好的办法可以帮助我们作选择呢？

前面的章节讲过，概率是解决不确定性问题的办法之一。从一定意义上讲，概率依赖的确定性又并非完美无缺。比如，在掷骰子游戏中，虽然我们不知道会掷出哪个点数来，但我们知道掷到5点的概率为1/6（参见第142页）。为什么会这样呢？因为普通的骰子原本就是刻意设计、专门制造出来的，就是要保证骰子每一面出现的概率均等。但是，一旦走出赌场、走出概率论课堂，生活中的概率还会如此均等吗？

我们有时遇到的生活问题，既无法预测会有多少种结果，也无从知晓不同结果发生的概率——你随意走进一家餐馆，恰好就是全镇上最好的，这种概率为多少？面对这样的概率问题，若非依据其他资讯，我们真的无从下手。但我们终归还是得作出选择啊。而且，有时候需要我们作出选择的，可能不是吃好喝好的事情，而是至关重要的大事。

决策论把概率论、博弈理论、逻辑理论、社会学理论和心理学理论综合用于解决决策问题。该理论试图将从多种可能中作出选择和决定的方法公式化，以帮助我们评估自己作出的选择与决定，并根据自己的偏好作出更好的选择和决定。决策论是极其重要的研究领域，其重要性在于选择与决定无时不在、无处不在。有的时候，我们必须作出战略性决策，我们的决策也需要不断地修订、完善，否则就会将重要的人、重要的事置于危险之中。秘书问题虽非高难度，却说明了以数学方法分析决策过程多么令人惊奇。

以数学方法来分析决策过程，通常的做法是找出可以精准指导我们行为的策略。但这种策略必须是一套清晰的指令。它必须是基于某种算法的分析程序，具有排除歧义的强大能力，我们甚至可以将它们设计为计算机程序，让机器去计算结果。

3. 扩展内容

寻找解决秘书问题的办法，并不是为了确保我们能够作出最佳的选择与决定。即使真有什么最佳，找出最佳的办法也只有一个，即验证每一个可能的选项。怎么知道一家餐馆是不是当地最好的呢？办法就是把当地的餐馆一家家试吃一

↓ 一言以蔽之，决策论的核心思想是：出门否带雨伞取决于两点，一看我们希望遇到么样的天气；二看我们带不带雨伞会有什样的后果。

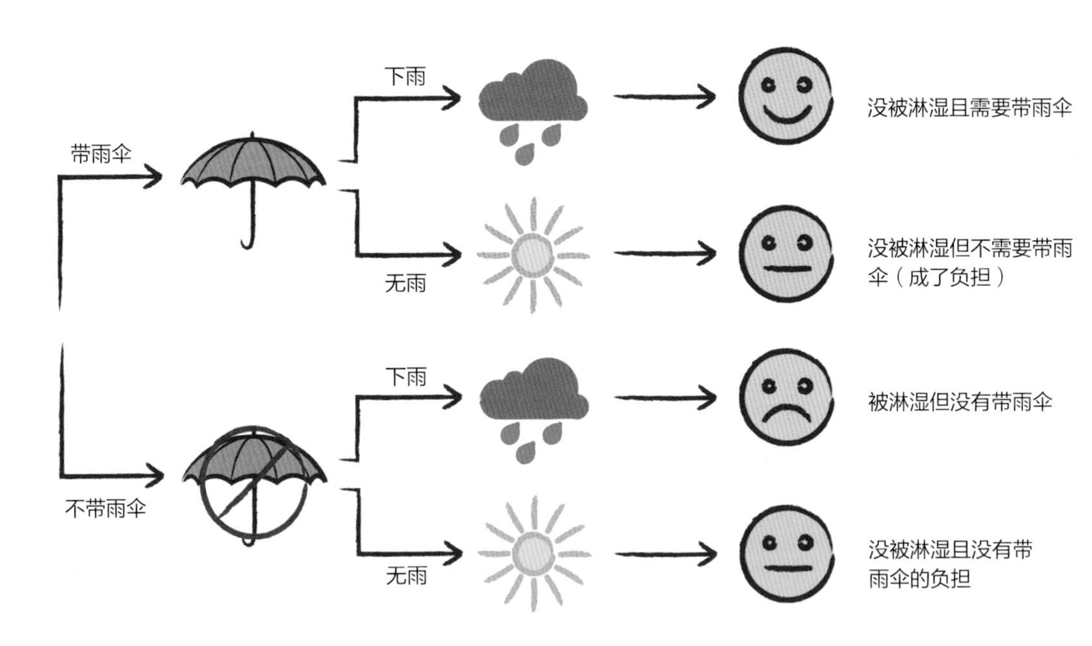

遍，但这个办法显然是不切实际的。所以，我们需要寻找一种策略，既可以保证我们试吃的餐馆数量最少，又可以保证我们找出最好餐馆的概率最大！

为此，我们首先需要花时间去了解已知选项的性质；然后，再花时间去寻找比现有选项更好的选项——这些选项、性质听起来颇为含混不清，难以定性。正因如此，这个问题的确不容易想明白。所以，下面我们用稍微正式一点的语言来解释，并看看我们能否将它变为一种算法。

让我们仍以选择餐馆为例吧！为了找到最佳的餐馆，我们需要给一条街上所有的餐馆排序，但不能按它们的品质从优到次来排列，得混着排，否则这个排序既不真实又降低了选择的难度。假设可选餐馆总数为 n，从中我们随机抽取一些餐馆作为样本。这些样本餐馆是所有餐馆的一部分，所以，可用一个分数来表示——比如，全部餐馆最终有一半被排除掉了，那么，$s = 1/2$。我们已经考查得足够多了，接下来，只要有比样本更符合我们的要求的餐馆，我们就会选择那个“下一家”。

这看起来已经是一个经典的算法问题了！但上述的思路还有一个问题没有考虑到：就是那个代表样本餐馆的分数应该多大？如果考察的样本餐馆数量不多，我们最终选定的餐馆就有可能低于标准选项。如果考察的样本餐馆数量太多，最好的餐馆也有可能被当作样本排除掉了，我们最终的决定依旧没有那么完美。当然，无论我们采取哪种策略来解决问题，都存在结果不佳的可能性。我们需要找出的策略，应该将结果不佳的可能性降到最低，进而将获得最佳结果的机会最大化。

决策分析程序的实际运算不是特别困难，因而也就不具有特殊的启发性。它用条件概率写出概率的表达式、给定代表样本的分数，即使那个分数未能包含最佳选项，也包含了排名第二的选项。这样就可以保证在我们拒绝了样本选项（包括排名第二的选项）之后，还可以找到最佳选项——此时，最佳选项还没有被我们排除掉，不是吗？令人吃惊的是，下面的算式可以算出代表最佳选择的分数 s：

$$\lim_{n\longrightarrow\infty} s=\frac{1}{e}$$

其中，e 代表自然对数的底数（参见第 50、51 页），$1/e$ 值大约是 0.3679，这就意味着在你试吃了大约 37% 的餐馆或面试了大约 37% 的求职者之后，应该选择下一个比之前 37% 都好的餐馆或求职者。这种方法不能保证绝对的最佳结果，但是可以保证你选择的餐馆或招聘的员工是你能作出的最佳选择了。

↑ 求职者紧张，面试官忧心——既不可能和所的求职者面谈，又想招到最佳人选，作出决实在艰难。

总结

运用数学方法来作出决策并非易事，但它非常有价值。本章的范例为一个看似简单的问题提供了一个意想不到的答案。

致谢

感谢克莱·丘利（Clare Churly）以自己的真知灼见为笔者提供了许多创意；感谢罗伯特·金厄姆（Robert Kingham）以明察秋毫的洞察力为笔者校阅了书稿，并提出了修改意见；感谢内森·查尔顿（Nathan Charlton）和安德鲁·麦盖蒂根（Andrew McGettigar）帮助笔者厘清了思路等。

在此，特别要感谢笔者在伦敦艺术大学中央圣马丁学院、伦敦 City Lit 成人培训学校、伦敦玛丽女王大学及其他地方的同事及学生。

照片来源

4 Fotolia/orangeberry, 5 Dreamstime.com/Chatsuda Sakdapetsiri, 7 REX Shutterstock British Library/Robana, 17 bottom Alamy/gkphotography, 15top REX/Shutterstock, 23 Dreamstime.com/Sharpshot, 30 Fotolia/Sharpshot, 35 Shutterstock/Everett Historical, 45 Paul Nylander, 59 Shutterstock/ Pi-Lens, 62 CC-by-sa PlaneMad/Wikimedia/ Delhi Metro Rail Network, 72 Thinkstock/Hemera Technologies, 79 Alamy/ACTIVE MUSEUM, 82 Getty Images, The Print Collector/Print Collector, 86 Alamy/ John Robertson, 93 NASA/JPL-Caltech, 98 Alamy/Kathryn Aegis, 101 istockphoto.com/DenisKot, 107 istockphoto. com/Highwaystarz, 112 Getty Images/Tasos Katopodis, 121 istockphoto.com/FlechasCardinales, 135 Corbis/Connie Zhou/ZUMA Press, 147 Shutterstock/Aaron Amat, 150 Shutterstock/Paul Matthew Photography, 154 Getty Images/ SSPL, 161 Getty Images/Ishara S.KODIKARA/AFP, 164 National Gallery of Art, Washington/Patrons' Permanent Fun 171 Antoine Taveneaux at English Language Wikipedia, 174 Thinkstock/Ximagination, 176 Alamy/pintailpictures.

图例来源

Octopus Publishing Group would like to acknowledge and thank the following for source material used in illustrations: 10 Reproduced with the permission of the University of Melbourne on behalf the Australian Mathematical Sciences Institute, 14Il Giardino di Archimede, 43 Cronholm144 at English Language Wikipedia, 65 Stefan Kühn at English Language Wikipedia, 75 Peter Mercator at English Language Wikipedia, 89 Carl Burch, based on a work at www.toves.org/ books/logic, 114 top www. optiontradingtips.com (http:// www.optiontradingtips.com/ images/time-decay.gif), 114 bottom www.orpheusindices.com, 120 fullofstars at Engli Language Wikipedia, 131 Fropuff at English Language Wikipedia, 134 © Robert H Zakon, timeline@Zakon.org, 158 Rod Pierce,www.mathsisfun.com, 173www.philender com/courses/tables/distx.html. Every effort has been mac to contact copyright holders. The publishers will be pleas to make good any omissions or rectify any mistakes broug to their attention at the earliest opportunity.